U0034894

序：正念初心的實踐且用愛祝福下一代

從師專結業多年來一直堅持實踐正向的力量，雖然過程中有拉扯與衝擊，但活著且繼續向前行的人生哲學會不斷提醒做有影響力的事！當臺灣百大創享家的首次出版發行在通路上獲得好成績時，團隊仍然是秉持著對記錄精彩生命故事的初心，將對的事做對就對了！臺灣百大創享家的計畫是從今年初開始，核心價值就是針對臺灣各行各業相關人士的生命故事為基礎，透過傾聽生命與體驗生命的美好與幸福，用創享家的故事激勵著讀者們的內心，共同燃起對生命的尊敬與熱愛！

我們再接再厲用圖文並陳的方式忠實呈現生命故事，並以深入訪談屬於受訪者自己的生命旅程與感動，藉由精闢的文字與照片相互結合來分享給社會大眾。持續廣邀每位願意將自身最初的信念與夢想傳達出去的素人們，用文字與圖片結合及出版暢銷的方式，給予社會大眾及想創業的年輕人，能夠感受所要傳達的正向能量與不斷堅持夢想的勇氣，並留下永恆的生命痕跡。臺灣百大創享家的共創共享及共榮等，將是疫情後很重要的生命記錄，也是未來國際版本的基礎，一定會成為國際上的光與鹽，讓世界看見臺灣！

出版精選集後，筆者深深學會一件事：先幫助別人成功後自己再成功！畢竟我們都是對生活很有熱情的人，也期待有機會，在社會平權與地方創生等的重要主題下持續分享實際經驗。創享家的品牌價值在於延續與傳承，立言是莫忘文字工作者的初心，歷經疫情的衝擊且堅持下去，筆者相信：持續完成不朽的立言應該是創享家的格局與遠見！創業創新本來就是一件非常不容易的事，每一位創業創新者都經歷過許多人無法想像的事物。其實不論困境或逆境，都只有自己堅持的信念一直與自己相隨，我們將努力為有緣的創享家寫下屬於創新創業與生命分享的不朽故事！

創享家成為暢銷書，都是因為此計畫能夠感動人心，堅持針對各行業以及相關人士的生命故事做為專訪的基礎，透過傾聽生命故事，共同體驗著曾為生命打拚的美好與幸福，用生命故事激勵著讀者們的內心，讓我們共同遇見最感人與最激勵人心的故事，一起燃起對生命的熱愛！筆者堅持「活出：陪年輕人走一段創業的路」的理念，畢竟：人類因夢想而偉大，用大愛分享這些有其意義的文字記錄並轉換成正面激勵的生命故事，堅持為許多生命旅程中的鬥士，保存著屬於自己的傳承與意義。新創團隊一步一腳印，紀錄社會上最憾動人心的創業與生命歷程故事，將夢想化為最強大的力量，為精彩的人生留下永不抹滅的鮮明印記！

林作賢 2023.9.19

目　錄

從死亡的幽谷中走出
屬於自己的創享人生路舞

台灣生命故事館創辦人
林作賢

　　「家破人亡」是一般人在一生中所面臨最大的憾事，絕大多數人面對這樣的絕境，通常都是無法面對、甚至選擇放棄自己的人生，能夠堅定而屹立不倒、甚至重啟人生則並不多見。但林作賢先生卻做到了，不單單是改變了自己的人生，甚至用自己親身的生命故事當見證，讓更多人因他的故事重新活出自己的價值，勇敢地堅定走向屬於自己的未來。

▲ 演講

▲ 銘傳大學育成演講親職教育記者會

青少年時的悲慘歲月
與堅定自己負重前行的心

　　林作賢出生於台東，共有六個兄弟姊妹。因父親工作之故，自幼便與父母親定居台北。父親是位事業有成的遊覽車公司老闆，而母親原本是一名教學認真的國小老師及主任，但後期因為眼疾造成失明，便申請提早退休在家，父親也擔負起照顧全家大小的重任。除了忙於事業外，也竭心盡力地照顧失明的妻子，每天早出晚歸且日復一日，在林作賢的眼中，此時的父親就是自己倚靠的大山，是一位值得敬佩的偶像與英雄，也因著父親給予的環境，林作賢非常熱於學習，在校成績非常優異，父母與師長從不會為他的學習狀況擔憂，是師長眼中非常優秀、有獨立思維的模範生。就這樣原本一家和樂融融的景象，卻因為父親的出軌，讓幸福美滿的家庭一夕間崩解，原本將父親視為偶像與英雄的林作賢，此時心中也延伸莫大的變化，本是父子間的親切對話，變成了彼此間的疏離與無奈。在一次次的爭執後也逐步催蝕父親在心中原本無法撼動的地位，轉而成為漸深的恨意與埋怨，而後更因父親這個錯誤的抉擇，掀起無比滔天巨浪、成為一件件無法挽回的人倫慘劇，更讓林作賢背負許多莫名的重擔與誤解，讓他後續的人生有著翻天覆地的巨變。

▲ 土耳其餐廳參訪

▲ 宜蘭人故事館參訪

台中中心教會見證演講

當時尚在臺北市大安國中就讀的他，在獲知父親出軌後內心非常抗拒，本著保護母親的本意多次與父親起爭執，但父親終究不領情。反而怪罪他不該介入大人的事情，就這樣一氣之下、未考慮自己仍處於學習階段，決定離家出走以表達自己對於父親行為的不齒與不滿。原本是師長口中的績優好學生，一夕間成為帶著對於父親強烈恨意流浪台北街頭的中輟生。在離家出走外頭流浪的時候，為了填飽肚子，林作賢開始四處打零工維生，哪裡有缺人、願意用他的，他就去做，因此有段時日被商家與人力仲介當成廉價童工使用。而此時當初他所就學的林明

哲校長得知自己最深愛的學生因為家庭因素成為逃家的中輟生後，便與訓導處師長們四處找尋，當這位校長費盡苦心找尋到林作賢時，本以為能夠順利帶回他重返校園時，不料林作賢極力地抗拒回到學校與家庭，在他幼小的心靈上總認為，父親的行為就是殘忍，他不想回到家中面對曾經最敬重的父親，更不想回到校園中接受同儕異樣的眼光。但這位校長仍不死心，三番二次地找到他，苦口婆心地勸誡，總算在校長的溫情攻勢下，林作賢同意跟著校長回到家中，並且重新回到學校夜間部補校繼續學習。

止不住地淚水撕心裂肺的苦痛
成為奠定未來人生的基石

但此時另一個重大的衝擊，也在這時等待著林作賢。在他離家的這段時日，父親便因為生意失敗積欠不少債務，在賣屋償還部分債務後，便帶著外遇對象連夜逃離台北，完全不顧失明的妻子還有年幼的兒女們，回到家中看著自己的母親與不知所措的弟弟妹妹們時，林作賢不禁雙膝跪地，哭倒在母親的懷中，內心充滿著悲痛與自責、暗自下定決心負起長子的責任，照顧好母親與自己弟弟妹妹們。天總是不從人願，欲將林作賢逼入絕境的噩耗就此襲來，母親某日接獲父親的電話後，便獨自從安康社區前往台東與父親見面，原本只是一場平凡的暫離，卻變成林作賢與母親的天人永隔。再次見到母親時已是一具面目全非的遺體，冰冷冷地躺在太平間中。林作賢哭得撕心裂肺，但再多地呼喊與淚水，終究喚不回自己至愛的母親。母親的死因在當時是非常重大的社會頭條新聞，而兇手就是父親的外遇對象。

1 形象照
2 陽明書屋師生合影
3 精英班長班演講
4 全國電視台師生合影

	1
	2
4	3

接受好消息電視專訪

　　母親遇害時林作賢年僅十五歲，身為長子的他一肩擔起母親的喪禮還有後續弟妹們的生活。可想而知那時的他身心遭逢一般成年人也無法承受之痛，也是之後林作賢常常會落淚的重要起因。懷著悲痛讓母親入土為安後，由於自身以及弟弟妹妹們皆不願意與父親同住，藉由教會人士與熱心社工將林作賢與兄弟姊妹安置在天母聖道兒童之家，讓他們能夠有個棲身之所。在兒童之家的歲月，每每想到母親便忍不住的淚流，常常哭到不能自己。

　　但林作賢自己知道哭並不能解決任何問題，忍著內心巨大的傷痛，林作賢也以優異的成績考上了中正高中、臺北工專及公費的花蓮師專。在師專就學期間除了顧及自己的課業外，也在課餘從事各種不同的工作，像是過年期間去迪化街叫賣南北雜貨、清晨一早的送報生，還有出賣勞力的臨時小工等等。這樣拼命的為生活努力賺取微薄的收入，不單單只是為了自己，更為了自己弟妹盡一個做為大哥的責任。

　　在師專就讀時期，常常哭泣的狀況仍舊持續著。林作賢知道這是因為自己的心已殘破不堪，而現在的他也只是努力的活著罷了！但還有許多責任未了，仍舊需要帶著這樣的悲傷持續地走下去。後來他發現一件事情，因為師專本身有游泳隊，也有訓練用的泳池，平時也有游泳的課程。林作賢想著：只要我能待在泳池裡不就好了，不但落淚時不會被發現，我也可以在泳池裡盡情地宣洩內心悲傷的情緒。就這樣林作賢也加入了游泳隊，一有空檔便下水，除了自身的訓練外，也讓自己的心情得到稍稍的紓解，宛若一隻帶著淚水的海豚，在水下世界中傾吐著無人能夠知曉的內心，日後也成為水上救生總教練及奧運啟蒙教練等。

執起教鞭作育英才春風化雨
撫慰學生，但只是活著……

師專畢業後的林作賢，如願地進入校園中開啟教職生涯，在資優班課堂的他是學有專精的師長，而課堂下他又是個慈父的角色，總能夠在學生出現問題時給予方向與解答，用著他的智慧引領了許多聰敏但迷惘的青少年，步入屬於他們的方向。隨著年資與教學經驗，一路從老師、主任一直到進入校長領導班結業，也步入婚姻、有著令人稱羨的家庭生活，更擁有自己最疼愛的寶貝女兒。正當覺得所有的一切都在平順的發展時，卻傳來父親去世的消息，而殺害父親的兇手又是當初殺害母親、被父親視為珍寶的外遇對象。獲知消息後，林作賢並無太大的反應，只因當初那個自己視為英雄的父親，早在母親離去的那一刻，不復存在。

由於是社會事件，不久林作賢便被媒體批判是一位不懂孝道且不適任的教職人員，排山倒海的輿論指責，讓林作賢有了輕生的年頭，在無語中走向了福和橋上，正當自己想一躍而下時，想起了自己的妻子與還沒有長大的女兒，以及還需要自己照顧的弟妹們，猛然驚醒，一瞬間淚如雨下，哭泣過後，自己也在大橋上思考許多。

機器人公園參訪

9

面對自己父親的離世，在此刻似乎也沒有像之前那樣的恨著他，取而代之的反而是，要是自己有更積極地作為，父親是不是能夠繼續地活著？其實父親在遇害前，林作賢早已安排非常好的療養院讓父親入住，但不知何故父親逃院回到他和外遇對象的住所，之後就發生了這件慘絕人寰的慘案，自己最親的兩個人，皆毀於一人之手。如今這樣的事件又想要毀我於一旦，當下林作賢便毅然決定面對媒體，公開自己自小到大的故事去澄清外界對自己的誤解。也在多方查證下，確認了事件的真實性，原本網路上、社會上的輿論也紛紛向林作賢致歉，也還他應有的公道還有屬於自己後段的人生。

把每一天當成最後一天，
盡其所能活出最璀璨耀眼的自己

杏壇中作育英才，閒暇之餘更是勤工儉學，目前是香港的哲學與臺灣的法學博士候選人。但老天似乎還想要繼續考驗著他，由於一直以來有睡眠方面的困惱，經過詳細的檢查後，醫生直接宣告罹患了重度的呼吸中止症，有可能在睡夢或是休憩時直接猝死，更斷言有可能無法活過 50 歲，接到消息後的林作賢，瞬間腦袋一片空白，歷經這麼多波折後，總覺得可以陪伴自己的家人以及女兒，怎會再發生這樣讓我無法接受的情事呢？當下真的只能無語問蒼天。而這個時間點恰逢女兒正準備出國深造，林作賢當下決定放棄自己引以為傲的教職身分申請提前退休，而且是一次性地申請自己的退休金，這也意味著未來老年時，將只能繼續工作求生存。會做這樣的決定也是因為自己的女兒，身為父親或許無法給予她非常富足的環境。但這筆錢卻足以應付她留學初期的花費，這也是身為父親能給予女兒最後一份禮物。

就這樣身為公教職的林作賢在 2018 年申請退休，正準備在家思考下一步時，一些過往曾經認識的年輕人找到他，希望能夠藉由林作賢的育成教育長才協助創業。

就這樣，點點滴滴團隊在 9 月 16 日於銘傳大學桃園校區正式成立，林作賢憑藉著極其敏銳的商業模式嗅覺，成功地為整個團隊奠定下後續發展的基礎。找人、找錢、找資源，成為他每天的例行公事。而身份也從臺灣發明學校的校長變成了新創公司的執行長，甚至在帶領團隊的同時，也以過往教職的身分輔導許多想要創業的年輕人，開拓屬於自己未來的遠景。

而點點滴滴公司也在林作賢及團隊的全力衝刺下，在 2019 年拿下全國通訊大賽冠軍，而其產品也引起多方的關注，更讓點點滴滴這個小企業一躍成為多方追捧的明日產業之星。就如當天頒獎典禮上林作賢面對貴賓談到的一句話「我們是贏在態度，而不是贏在技術」。認

銘傳大學授課一景

真的面對每一件事、認真去思考每件事、認真去執行每件事。我想就是這樣認真的態度,讓林作賢逐漸成為一位全方位輔導青年人創業的金牌輔導員及連續創業家。在 2019 年帶領其他團隊持續參與千里馬計畫,更在展場上成為每次必看的亮點之一,直到 2022 年林作賢帶領的團隊均能成為多方爭取的合作對象。

而後接著便是疫情時期的到來,直接衝擊到台灣的產業鏈,不分行業都受到了極大的損失,此時資策會也與團隊接觸,希望能夠進駐經濟部所開發的林口基地並參與亞洲矽谷計劃,於是在這樣的生成計畫產生後,開發出教育科技新產品,並在 2020 年華岡創業競賽上大放異彩,也在日後獲邀進駐文化大學新創基地中由團隊持續相關計畫的執行與持續育成及營運。就這樣進入產業界多年的時間,林作賢充分的表現出異於常人的鬥志與堅定的決心,帶領著不同的新創團隊,持續地往前邁進、嘉惠許多年輕人,引導他們開闢一條通向成功的道路。更讓林作賢成為台灣新創界中令人無法忽視的一位企業強者。

生命的長度是不能掌控的，
但精采度卻是能去創造的

　　隨著醫生宣告生命盡頭的時間慢慢地靠近，除了每天忙碌地輔導創業的生活外，林作賢也開始思索自己生命的意義。在歷經這樣多的磨難後，我還有甚麼事情是能夠做的？2022 年初正在思索的同時，碰巧知悉在博士班就學期間的指導老師身故，而當初便與這位指導教授討論過「臺灣 Siloam 生命故事博物館」這個初具概念的科技整合議題，林作賢當下便思索著是有其可能地將這個計畫付諸實現？由於這段時日除了擔負起新創導師的責任外，林作賢也常以自身悲慘的故事四處演講，只要有人邀請不管多遠就一定會前去分享自己生命的旅程故事，他最常用的開場白便是：「活著，是多麼重要的一件事！」還記得 2016 年受邀去中山醫學大學演講後，有一位同學在聽完演講後直接對著林作賢說：「老師，原本我是打算明天要去自殺的，但現在我知道您比我還要可憐，所以我決定不要自殺了！」，也因此林作賢開始積極到各大專院校演講，希望藉由自己的生命故事引領更多年輕人重視自己的生命、開創屬於自己美好的人生。

▲ 接受台北市立大學專題演講

▲ 台灣教育論壇分享會

受邀花蓮吉安鄉專業演講

　　也因一次又一次地演講，林作賢也從中知道自己生命的意義，所以當得知這位龐姓指導教授離世（1月11日）後，便積極想要付諸實現，同年三月恰逢接受漢聲電台的專訪，在節目中也提到自己對於生命故事館的期許，節目後獲得蠻多的迴響與支持，且於當年臺慶當天受邀專訪詳細說明。而此時剛好與一位長輩會面，深談中便將自己想要成立生命故事館這件事娓娓道來。這位長輩聽完後當下對林作賢說：我在台北有個空間可以讓你使用，也希望這座生命故事館能夠正式的成形，我支持也讚許你這樣的計畫。

　　就這樣「臺灣生命故事館」就能夠順利在2022年6月至9月正式開展，期間原本只有12位願意將自己的生命故事分享出來，期盼藉由自身故事分享，帶來更多正向能量，給予這個社會許多迷惘的人一些方向，讓他們能夠早日走出低谷，同時也能藉由線下與線上的系統整合（SI），保存自己的故事。而開展後瞬間引起各方關注，也有越來越多的人希望能夠把自己的故事置入故事館中做為永久地保存。在九月展覽落幕後進入故事館的主角已高達150多位。雖然目前展覽已經結束，但是生命故事館會以實體的書

受邀宜蘭商校專題演講會議合影

籍呈現在大眾的面前，現階段出版計畫也由林作賢的學生廖淨程（一位身障妹妹的哥哥）去執行，應該不用多久，這本收錄許多人故事的書籍，也會在大眾面前展露分享。聽著林作賢先生娓娓訴說自己的過往與現在，言詞中展露屬於他的智慧與豁達，深信在他一系列的計畫下，勢必能帶領目前計畫中的產業與社會關懷企業，創享屬於他自己的巔峰！

給大家的一句話

臺灣創享家鼓勵讀者要勇於與眾不同，堅守住自己認為是正確的立場！

 記憶會隨著時間衰退 文字卻能恆古流傳
讓時光團隊用文字鐫刻屬於您的永恆

用最專業的規劃與設計
創造屬於台灣的 IKEA

台灣安傢創辦人
蔡家森

▲ 蔡家森巡視工廠察看家具成品

家是每個人不可或缺的一部分，隨著時代的演進除了基本擋風遮雨的功能外，更成為忙碌的現代人身心靈休息的處所，所以許多人喜歡開始布置居家的環境，讓屬於自己的空間擁有自身喜好的風格。但裝修往往需要所費不貲的費用，但台灣安傢創辦人蔡家森先生，憑藉多年來的專業，用最科學最省錢的方式，滿足每一位消費者對於自己空間的渴望並一圓他們的夢。

先天的環境 造就日後創業的契機

　　蔡家森先生出生於台中市，在家中排行老大底下還有一個妹妹，而父親則是一位從事室內裝修業的老師傅，母親平日則做一些小生意貼補家用。一家子倒也和樂融融。幼時的蔡家森個性相當的外向且活潑，課餘之時則必須便幫忙父親做一些能力能及之事。早年從事裝修不若現在，很多的材料都需要自行購買原木板料後再進行曝曬與加工，乾燥後板材才能真正的進場施作。所以蔡家森也常戲稱自己是在木屑堆中長大的孩子，也或許在這樣的環境中成長，自然在內心中淺藏對於木頭這樣有溫度的物件，會比一般人多了一份感覺。

　　國小國中就學階段，蔡家森對於課業完全提不起勁，反而喜歡琢磨課業之外的事情，雖然課業表現一般，但課業之外只要他有興趣的事，一定花心思去動手鑽研，也因著這樣的個性，很小就已經開始獨立思考探索許多事務。早年的教育還是處在萬般皆下品唯有讀書高的觀念，而蔡家森這樣的學習方式，自然而然讓老師還有雙親為此感到頭痛不已。即便棍棒伺候，似乎也起不了多大的作用，國中畢業後也因為成績不佳進入新民商工電子科就讀，當下父母只希望他能學習一技之長傍身就行。接續高職校園後，仍舊對於課堂上的一切不是非常上心，反而趁著寒假課餘到處次打工，也是他最快樂的時光，學校畢業就到隔壁印刷廠打工等當兵，也算是自給自足的過著生活。但好奇新事物的習性仍舊沒有改變，而屌而啷噹的外在給人非常不靠譜的感覺，但實則他就如海綿一般拼命地去吸收自己覺得該知曉的事情。

台灣安傢工廠一角

與協力廠商及設計師們開會日常

飄盪的歲月
如一葉孤舟在人生大海中緩慢航行

　　時光也就匆匆而過，退伍後的蔡家森仍舊有些迷茫，也找不到一個比較準確的方式，但因著天性使然，所從事的工作都與業務拖不了關係。在 31 歲前進入過不少的產業，像是印刷廠、兒童出版社、家電用品、菸酒專賣還有到西藥廠上班賣起藥來，甚至也開過加盟的泡沫紅茶店。而近十年在業務職場中的經歷，也為他日後的創業扎下相當的基礎，因有深厚的業務特質，他也更加容易觀察到目前社會上所發生的問題，進而在腦海中有些可以解決的方案產生，但這些想法卻不見得能讓自己的老闆採信，這也是蔡家森從事許多產業但往往無法持續下去的主因，因為自己不是主事者自然沒有話語權，

即便自己的想法再如何特別，終究無法與資本主義的老闆抗衡。而 31 歲那年，蔡家森迎來人生職場第一次的契機，創業當起老闆。一個新的裝修概念讓蔡家森在完全沒有任何實務經驗下，將僅存的 100 萬資金就投入創業行列，與同學 2 人搖身成為御匠系統傢俱的設計公司的合夥人，開業前二年每天幾乎都是處在燒錢的狀態，常常入不敷出，趕銀行三點半的日子早成為常態，而此時又適逢金融危機與 921 大地震的到來，連番大環境撞擊讓還在熟悉學習產業經營的蔡家森疲於奔命，此時的他只希望能夠盡速穩住公司整體的營運。正當公司運營資金只剩下幾萬的時候，蔡家森憑藉過往的業務經營與大

型賣場合作，在賣場中設櫃專做系統傢具的訂製，憑藉他優異的業務能力及產品質量的保證，倒也讓他殺出一條血路，在他的努力下漸漸有了起色，正覺得一切都將迎來希望時，合夥人決定退出，給他的理由是別人傢具是看喜歡就直接成交，而我們卻需要與客戶溝通、現場丈量畫圖、然後對方確認後簽約、後續施工驗收，常常忙活了一大段的時間但收入卻只有一點點，所以不打算繼續做下去。就這樣蔡家森與合夥人拆夥後，獨自面對後面的市場繼續堅持下去

但認真拚搏一段時間後，真的也無力繼續更積欠百萬的債務，甚至鬧到老婆與孩子堅決定離他而去，而這段的創業歷程也成為蔡家森最刻骨銘心的記憶。

結束公司後在原來的合夥人建議下，成為興富發在台中七期建案中的專案業務，此時的他才明白一般建案房屋買賣中，除非有其必要性客製化的裝潢設計是沒有存在的必要，一個新建案 100 多的用戶是可以接受完全與鄰居相同的家具布置與裝修的建材，只要看起來它是實用、時尚、舒適就可以的。這也徹底的顛覆他既有的思維，在整個經濟環境下，很多消費者真正最在意的是錢而不適設計上的美感呈現，只要把整體的美感規劃出來，消費著一樣能夠欣然接受，後續案件結束後，蔡家森便成為認命的上班族開始賺錢還債的生活。經過一段時間

由蔡家森先生獨立設計為解決小坪數住宅之多功能空間收納高架床組

設置於烏日總部的展示廳一角

的沉潛，過著朝九晚五的生活，在旁人的眼光或許他就是一位創業失敗回歸現實層面的平常人。熟不知在上班還債過程中，蔡家森隱忍在老家中利用這幾年的光景，看書、思考、也利用空檔時間尋訪外頭的市場，也更換個幾個行業，希望為自己的後半生創造自我價值，也看看還能做些甚麼去彌補過去遭逢失敗的遺憾。一個人的時候也會想著失敗為成功之母這句話的真實度，是否自己也有機會能夠重新再來，迎接屬於自己的成功。

人一旦靜下心來時總會不自主地去回憶許多的往事，找出自己的弱點與失敗的原因，幾番思考後猛然想起幼時在木材堆中那種發於自然的味道，看著原木變成板材後自己開始堆疊木材中開心且自在的感覺。忽然覺得木材是自己生命中最起初的泉源，濃厚的感覺就這樣油然而生，便開始上網找尋相關的工作機會，這時候他已經４４歲了，也就是這般的用心他找到一間專門販售木材的公司，這一待就是五年。

由於蔡家森非常喜歡問問題尤其是自己有興趣的事物，而這五年也因著工作之故結識了全省近 600 家的木器加工廠，更將這些廠家的加工類型與能力進行詳盡的分類，因此心理萌生一個全新的計畫，在這家具木材相關產業中，蔡家森對於木器加工的智識庫應該算是全台灣最完善的。在完全記錄取得相關數據後，他的一項革命性的產業提升計畫也在此時逐步的成形，在這五年中除了例行工作與調研之外，幾百個夜晚下班時間就是蔡家森汲取知識與找尋合作夥伴聊天的時刻。而此時的蔡家森也構思了一種全新的商業模式，幾經思索也衡量瞭現階段的利弊得失，便決心在為自己拚搏一次，毅然決然地開啟再次創業之旅。

歐化簡約的設計符合現代空間美感的可擴充性書桌

專業客製化多功能收納空間高床架組

台灣安傢家居文心店展示中心

創業維艱 步步為營
盡心盡力不容有任何
閃失

蔡家森獨立研發設計採原木製作且有專利之
「好座椅」

在做完整個市場分析計畫與心智圖架構
完成後，蔡家森毅然找個理由離開自己待了
五年的公司，沒有資遣費，沒有創業資金，
沒有車，剩下一個人一支手機，就這樣走向
只屬於自己的創業之路，而且是瞞著老
婆與家人偷偷地創起業來。起初蔡家森靠著
自己新的運營模式專接通路的代工以及材料
與傢具的買賣，藉由這樣的方式維持生計，

簡約式多功能開放性收納衣櫃

而對於家裡蔡家森一樣每個月如數的將生活費交付老婆的手中，但對於自己創業卻是隻字未提。在扣除家計費用後，蔡家森將所有的資金全部用來開發產品以及結交人才朋友的身上。所以起初創業的這五年，蔡家森本身並沒有較寬裕的資金，他願意將利潤所得近百分之四十拿來作為設計研發商品使用，當中也會遇到開發失敗的時候，自然而然投入的經費就打了水漂一去不回。但蔡家森堅信的這些失敗的例子只是過程，並部會影響他後續所有的近程與規劃。

雖然時常口袋總是空空的，但他的腦袋卻如一個大型的資料儲存庫，任何問題都能夠迎刃而解，而且能夠在最短的時間內找尋到最佳的方案去執行。也因為自己無法像工人一樣製造產品，也沒有自己的工廠，更沒有雄厚的資金，一旦只能夠勤能補拙極力地去與工廠溝通協調，按照自己的想法去做出自己想要代工的各類物件，執行至今更沒有失敗過。而這一切都有賴於過往的學習與經驗，在交叉分析中找到最適宜的加工流程以及精密的成本控管，終於讓自己有了些許的資本，在 2022 年正式成立資本額 350 萬的台灣安傢國家有限公司。

也讓蔡家森的商業模式與運營展現在台灣的裝修市場中。而蔡家森的公司運營主軸便是「台灣 IKEA」。在成立公司之前，蔡家森已經走訪台中 IKEA 不下上百次，為的就是想要知道這個 1943 年創立的瑞典跨國企業到底在做些甚麼？而它的企業文化與商業模式為何深受世界各國的喜愛與認同，而在台灣更吸引了許多鐵粉成為固定的消費族群。然後同步的去比較台灣的裝修傢俱市場中，擁有非常多相當經驗與技能的廠家，為何不能跟 IKEA 與之抗衡，透過自己多年的觀察以及穿梭工廠與通路品牌之間及消費者中總括的結論是：「在台灣現有的市場中，會做的不會賣，會賣的不會設計，會設計的不懂生產與成本，會賣的眼光放在薄利多銷，會做的也沒量可以做變成什麼都做」。總和這些問題就出在這些廠家沒有自己的核心價值，不懂學習新能力，放眼在自己的區塊不願意放大視野，凡事都以自己為中心，從不考慮到別人的想法，凡是故步自封且自以為是。

以上幾點並不是批判，而是非常符合台灣人的個性與心態。而大家卻覺得這樣的狀態是非常正常，而正因為正常所以完全不會進步。而最常聽見的就是抱怨環境與市場不佳，所以獲利不豐。年輕人難帶不願吃苦，所以手藝無法延續傳承，許多的藉口就這樣一直在台灣傢俱裝修產業的傳頌著。而問起如何能夠改善或是改進時，往往都是一句話：「不可能改變的，社會就是如此」。也因這樣的觀念與思維，造就了許多不友善的工作職場環境，也因為蔡家森看過太多的各式各樣的工廠，發現工廠裡面對現在年輕世代的年輕人來說是完全不具備吸引力的，所以怎麼可能找得到人呢？

台中烏日總部工廠一角半成品傢俱零件

重建嶄新思維　帶動傳統產業
創造台灣 IKEA 運營模式

在這些木作的傳統產業中，隨著國內技職教育的瓦解，年輕人到工廠無法立即銜接，而現階段工廠卻只做代工又付不起與日俱增的工資與人才訓練費用，長期下來缺工就成為必然的問題，而這些問題的癥結點就是（行銷），要獲得資金首要的就是一定要獲利才行，而該如何獲利？就要從最基本的需求進而產生價值而來。而從台灣的裝修傢俱市場中獲利的來源有四項，分別是設計、行銷、進口原物料以及生產四個面向。這跟 IKEA 是一模一樣的，但最大的區別在於台灣四個區塊是各做各的，不管其他人的死活。而 IKEA 則是一條龍到底執行完成，雖然它本身的產品大多數是委託生產，但他自己還是有屬於自己的工廠，能夠將剛剛說的四點全部囊括在內，因此它比外包工廠更加清楚整個製作流程與成本控管，若需要生產新的產品時，在自家的工廠便能精準地分析出所需要的材料、工時、成本等等，在直接的告訴外包工廠我的實際加工費用只能使用多少金額，而不是請工廠報價給它，因為自身有非常準確的數據，自然在請人代工之時，能夠維持相當的利潤，所以蔡家森便以此為基準考量整合手上的資源去完成各類的項目或是單一個案件。

而在蔡家森眼中的台灣 IKEA 又是什麼呢？其實跟國外 IKEA 一樣，著重在居家產業上面，IKEA 單一商品產量是以萬為單位，而台灣安傢的產量是以 30-200 個為單位，IKEA 是傢俱為商品，台灣安傢則是把傢俱變成裝修市場中的產品，可以單獨販售，也可以成為客製化的服務訴求。IKEA 它們無需要繪圖人員，而在台灣安傢需要繪圖人員將傢俱建材配置到空間裡面，IKEA 全部都是模組化設計生產，台灣安傢則採用 80% 模組化 20% 客製化來完成小空間的規劃擺飾與裝修，從原物料控管到生產製程的安排與搭配市場空間的需求，掌握流行的趨勢，直接面對消費大眾，並以共享經濟平台的概念在做規劃，也納入消費者為斜槓經濟的對象。而這些多如牛毛般的執行細則與方向，全都由蔡家森一人獨力的去完成，而今年蔡家森除了擴大工廠規模外，更積極地與不同的業界去做跨界的合作，深信在不久的將來勢必能夠看見台灣安傢的 LOGO 在全省發光發熱。在台灣的傢俱裝修產業蔡家森也是做了一次創新的創舉，更希望藉著自己的專業讓大家重視區域經濟的概念，減少因為供過於求產生資源浪費與碳排放的增加，看著他滿腔的熱誠與堅定的信念，我也深信台灣安傢的誕生能夠帶領目前國內傢俱裝修相館產業在闖榮景，讓台灣安傢成為後疫情時代最閃耀的新台灣之光。

給大家的一句話

現在到未來是雜學的時代，吃虧可以找到更多資源強大你的競爭力，先付出才能換來收穫滿滿。

安傢家居台中家樂福文心店B1
地址：台中市南屯區文心路一段521號
電話：(04) 2253-2223

TAIWAN AN HOME
安傢

官方網站
請掃描我

Facebook
請掃描我

LINE
請掃描我

時光
Prime

記憶會隨著時間衰退 文字卻能恆古流傳
讓時光團隊用文字鎬刻屬於您的永恆

以學識之心遊歷五湖四海
用筆墨之意雋刻百態人生

博士作家
黃伯舟

　　本應懸壺濟世的黃伯舟，在歷經多次人生的風波後。憑藉著自身對於學識的追求，毅然決然地埋首於追求自身有興趣的學海中，並一舉拿下國內多所知名大學的碩博士學位。從此步向作育人才的教師生涯，更以精湛的文筆出版多部令人愛不釋手的小說、散文集。同時以顧問之姿四處進行專業的研究與規劃，遊歷兩岸及各國，因此讀萬卷書行萬里路成為他的最佳寫照，亦為自己的人生旅程寫下無可比擬、炫彩奪目的一筆。

▲ 浮生四夢 - 三民書局

允文允武在悠揚琴聲中揮灑甲子園的汗水

　　黃伯舟老師出生於台南，父親是一名知
名遠洋貨運商船的船長，長年在外為著自己
的家庭拚搏，而母親則是中規中矩的文史老
師。由於父親經常在海上奔波，所以年少時
黃伯舟與父親經常是聚少離多，而每每父親
歸來總是讓幼小的他雀躍不已。除了帶回來
許多當時難得一見來自異國他鄉的禮物外，
更從父親的口中了解台灣之外的地方到底是
何模樣。聽著父親活靈活現地訴說在國外的
所見所聞，年幼的黃伯舟不免也心生嚮往，
也想著長大後出去看看父親口中的廣大世界。

　　某次，父親剛結束商船任務返家，在眾
多禮物中拿起一把在維也納買回來的小提琴，
非常開心的交到黃伯舟的手上。對於這個寶
貝兒子，父親遠洋在外對他總是格外掛念，
總是會趁著下船休假的空檔，細心地準備一
份身為父親對孩子的偏愛。而這把小提琴也
象徵父親對黃伯舟的期許，也特別聘請專業
的老師開始教導樂理與小提琴技巧，而年幼
的黃伯舟也在這樣細心栽培下，奠下非常深
厚的音樂基礎，而小提琴更成為了每次父親
返家時與黃伯舟之間最甜蜜的交流，每每看
著父親沉浸在自己拉奏的樂曲中時，內心總
是充滿著快樂與滿足。

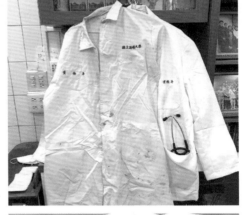

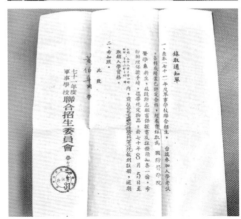

1 陽明大學時的醫學服

2 台南一中畢業時考上國防醫學
　院醫學系的［錄取通知書］

3 台北市新生北路一段的自家頂
　樓陽台居家照

	1
	2
	3

自家書房居家照

　　國中小階段除了音樂，黃伯舟也非常酷愛棒球運動，天生具有運動細胞的他，更入選為台南少棒與青少棒隊的成員，在當時台南隊是赫赫有名的棒球隊，許多優異的棒球國手皆是從這裡培育出來，如涂忠男、謝長亨、黃武雄、黃平洋、鄭百勝等等在當時都是黃伯舟的隊友。

　　酷愛棒球的黃伯舟，在球隊中擔任搶分關卡三壘手的位置，而極其優異的表現，在多次比賽中常常扮演著關鍵的角色，更讓球隊教練讚譽有加。原本該直接保送當時知名的台北華興中學，延續自己在球場上的輝煌，但此時的母親站在較為現實面的考量與黃伯舟深談，她希望黃伯舟日後出社會時擁有穩定的基礎。幾經深考後，黃伯舟決定聽從母親的意見，專心於課業上也如願的考入台南一中，也開啟人生中與眾不同的一頁。

與媽媽、姊姊及兩位外甥合照

找尋自我方向
曲折的求學歷程

　　在台南一中期間，黃伯舟與一般學子一樣勤奮向學，因校風崇尚自由所以台南一中也造就出許多政界商界藝文界的奇才，在耳濡目染之下黃伯舟也開始思索屬於自己的人生路，因其國中時期的恩師為黃伯舟打下非常深厚的數學基礎，再加上身為文史老師的母親殷切的教導，所以他不論文科理科在校的成績都非常優異，畢業後更是以公費生之姿考取國防醫學院醫學系，更成為家族之光，父母親更加希望從此家中就有一位準醫生的誕生。

1 自家臥室居家照

2 2004 年在中山醫學大學的診療室

3 浮生四夢一書

1
2
3

台大法律系刑法學前排李茂生、黃榮堅、黃伯舟

　　原本按照既有的規劃，黃伯舟可以在七年後順利畢業成為一名醫生，但少年十五二十時，內心總是會充滿著狂放不羈的心態。大一時，瘋狂的迷戀上重金屬搖滾樂，更與許多學校的學生一同組成重金屬搖滾樂團。在那個年代成為樂團中的一分子是非常值得炫耀的事情。但由於在軍校體系中，全體學生必須住校而且還有晚點名，進出校園更需要長官的批准與請假，整個校園生活是非常嚴謹與不自由的。團練時間大都是晚上，在無法自由進出校園的狀況下，黃伯舟常常在下課後翻牆出校門，在與團員們熱血吶喊嘶吼後，再晚點名前回到校舍中，本以為可以神鬼不知的持續下去，就在某一日臨時提前的晚點名，讓這樣的事情曝光，而學校對於這樣屬於嚴重違紀的學生，懲處自然在所難免。原本就崇尚自由的他此時也不免想著，往後這樣的軍旅生涯真的是自己所要的嗎？

　　而這起事件，校方也特別商請母親來校處理，母子深切的對談之後也支持黃伯舟的決定，直接辦理休學後再選擇其他學校就讀，就這樣黃伯舟放棄了第一次成為醫生的機會。後續回到台南家中調整心態也如願考上了師大化學系，正式朝向成為一名老師的方向走去。在師大就讀的日子，黃伯舟不想單靠家中支撐自己的日常開銷，所以在課餘之時開始兼任家教賺取生活費，由於頂著師大光環的原因受教的學生相當的多，大學生活幾乎都被家教的時間填滿，忙綠的大學生活一晃即逝，畢業後校方一直拼命挽留黃伯舟回任學校擔任助教一職，但礙於諸多考量最終黃伯舟選擇進入新北市永和國中正式擔任化學老師，也開啟他作育英才的起始點。

　　擔任老師後，自我掌控的時間明顯增加很多，在教課之餘黃伯舟更不忘充實自己，沒多久便考入清華大學數學研究所，為了專心提升自我專業，黃伯舟離開永和國中，專心當起了研究生。某日適逢休假黃伯舟返回家中與父母親相聚，閒談中談起之前本該當醫生的往事，雖然現在擁有教職身分。並不會讓母親覺得臉面無光，但仍舊能感受到母親言語中小小的失落與惋惜。而這次與母親深聊也讓黃伯舟暗暗決定，以目前的狀況他決定嘗試一下，因此決定重回醫學系當個醫生，也能平復父母親的失落與遺憾。當如願考上之後，黃伯舟為了疼愛自己的雙親，用上所有時間與精力奉上一份感恩至誠的禮物。

在金門義診時合影留念

更迭四季流金歲月　為自己譜下浮生四夢

　　在輔大任教之時，正逢各地醫療糾紛頻傳，屢屢登上新聞版面，許多醫院裡醫生與病患間的關係變得相當敏感且緊張，醫療糾紛成為了那個時間全民最關注的話題之一。黃伯舟也覺得醫生有自己的專業，但是面對這樣法律糾紛時，常常無法保護自己的權益。因此在空餘時順勢進入法律學系就讀，除了讓自己擁有法律專才外，也能夠及時協助這些不小心落入法

行政院頒發服務獎章證書

售票口

今天我們邀請到(浮生四夢作者)

在士林捷運站受〔創享家〕編輯組訪問的情況

律泥的醫生同袍們。

在學校與醫院中生活，讓黃伯舟每每回首來時路之時，總覺得好似欠缺了些什麼，於是開始撰寫專欄文章，詳實書寫其人生經歷且為《浮生四夢》中的第一夢拉開了序幕，在 2009 年皇冠出版社所發表的出版品中，因內容發人省思也引起極大的迴響，更擄獲不少讀者的心。黃伯舟也成為專欄作家持續的發表屬於自己的文章，期間出版不少由專欄中集結成的單行本，但最震撼人心的當屬 2019 年出版的《浮生四夢》整本書高達 900 多頁，它是黃伯舟歷經十年反覆推敲細細思量後的鉅作，自 2009 年寫到 2019 年歷時十年才完成。從第一夢《阿丹的冰淇淋》、第二夢《最美麗的錯愛》、第三夢《夏雪》，到第四夢《夢幻國度》，具有前後連貫性。雖然每一夢都已獨自成書。表面上四個夢、

▲ 2015.09.17. 上基礎醫學課時的授課情況。

四本書各自為政，但串接起來則是互相依存。因為書寫的是人性，所以不受時空環境而改變，非常適合現代人在閒暇之餘細細品味，

此書一推出便大獲好評迅速完售，黃伯舟也因為此書而讓他以過人的文采能在世人面前嶄露無遺。

幼年時的夢想逐步達成
在遊歷中學習 在學習中遊歷

近年黃伯舟已經卸下世俗中的身分，單是因其專業的學識涵養，常應邀到各處擔任客座講師以及演講，不單單是往返海峽兩岸，更橫跨其他許多國家，也應允了兒時的想法，想跟自己的父親一樣，去看看這個世界有多麼的廣闊，這幾年因為在各地教課

演講，也讓黃伯舟對於環境生態、現行建築物的空間規劃有了相當濃厚的興趣，本就身為學者的他也毅然決然的考取台北大學都市計畫研究所、建築所以及地學所博士班等多所知名大學進行深一層研究，從過往的經驗與角度，認真的去看待與我們息息相關的環

▲ 參加北京大學座談會後於門口留影

▲ 讀政大東亞研究所時的照片

1972 年黃伯舟父親從事遠洋船運時的英姿

境，對於全球暖化以及目前最夯的碳中和碳權問題更是花費不少時間去做研究與學習，而國外就是自己最好取經的地方，所以黃伯舟近期幾乎都在世界各地不斷參訪，有時也會因為曾指導過學生的需求，特意帶著他們到不同的地區做研究與參訪，藉由不同的面向讓自己的學生擁有不同的思考與反辨的能力。這幾年黃伯舟在中國亦是一名專業的學者，所以常受邀至中國大陸授課，將自己的專業知能在課堂中傳承下去。除此之外黃伯舟更是國內少見的醫療機構建築顧問，因為深具醫學專業背景，每每遇有醫療機構需要增修改建甚至新建規劃時，總是會找到黃伯舟出馬坐鎮，因為這樣的人才極其稀缺。不管在中國大陸抑或是台灣或是放眼海外，所有的建築設計師都只會作一般商用或是自用的設計規劃，但是醫院的整體架構甚至後續內部空間等等，都不適用於一般的設計。所以黃伯舟總能以自身醫學背景、空間規劃，給予執行者最好的建議。

　　聽著黃伯舟老師娓娓地訴說屬於他的人生故事，看著這位能夠作曲寫詞，既是醫生又是老師，且身負多項專業暨職能的前輩時，不免為之驚嘆他豐富且多采多姿的人生，總能在他不同的時期綻放出屬於他耀眼的光芒，時間在他身上彷若不存在似的，總能跟著時間不斷的

與好友張博威的合照

往前邁進成就自己也成就他人，期待黃伯舟老師能夠以自身的光芒與能量，照耀更多可能迷惘可能一時找不到方向的朋友們，也寄望藉由黃伯舟老師的故事，為每一位朋友打開屬於自己的一扇門與窗，迎接屬於自己的陽光與溫暖。

▲ 與時光整合策略行銷負責人合影

▲ 與廈門大學經濟學院任力教授合影

給大家的一句話

手機把遠方的朋友拉近了，卻也把最近的親人放遠了！但願大家把視線調回那些關心您的人。

浮生四夢
三民網路書店販售中

時光 記憶會隨著時間衰退 文字卻能恆古流傳
讓時光團隊用文字鐫刻屬於您的永恆

家庭禁錮　愛是救贖
靈性覺醒　養生揚升

心靈療癒師
張瑞麟 老師

　　近年來身心靈的議題已成為全民顯學，由於社會環境的快速變遷，許多人開始探索生命的意義，追求內在的成長與身心靈全方位的平衡健康。因而五花八門的靈性知識及課程如雨後春筍般，在坊間市場上紛紛湧現。廣為熟知的瑜伽、冥想、頌缽、塔羅、星盤、瑪雅曆、人類圖，還有靈氣、徒手療癒，甚至礦石、花精、寵物溝通等療癒，族繁不及備載。

　　張瑞麟老師可說是這股身心靈洪流中一位特別的存在，他軍職生涯期間參與了大園空難、921 大地震、八八風災、復興空難、八仙塵爆等台灣史上的慘重事故，多次淚見了生命的劫難，在擦乾淚水後讓他望見了一個身心靈的無限世界。

▲ 塔羅牌

被無形家暴鎖鏈禁錮的過往

初見張瑞麟，在他恭謙的外表與溫暖的笑容之下，有著一顆極其細膩與溫柔的心，但幼時因為父親的一些較為脫序的行為，也曾經讓他在人生的旅程上充滿著恐懼與迷惘，張瑞麟的父親從事國際貿易與金融投資行業且自小家境優渥，而母親則全職照顧幼時身體孱弱多病的他。自然而然地張瑞麟與母親間親情的緊密程度更甚於父親，或許因為父親的某些行為讓他自幼對於父親除尊敬之外更有莫名的畏懼。

其實在早期的台灣，仍舊延續舊有的傳統，男人在家中大聲喝叱妻子與小孩，也是司空見慣的事，但有時父親也會因為情緒失控做出一些過當的行為，而這樣的場景也讓年幼的張瑞麟常常陷入莫名的恐懼中，還好母親天性

1 於家中練習書法	1
2&3 蘇澳大量傷患演練	2
4 擔任副營長時期的基地訓練	4	3

2015 衛生部隊副營長

溫柔，每當父親出現行為脫序時，母親總是將她抱入懷中安撫他所有不安的情緒，靜待這樣的風暴平息，因張瑞麟幼時身體瘦弱不濟，小學一、二年級時仍天天由母親替他背書包護送他至學校讀書。在母親細心照料之下，身體漸漸強壯。自小張瑞麟的父母為了保護他，採用過度保護且嚴厲的管教方式，讓他即使已就讀國中，仍未曾有獨立的思考與生活方式，人生全由雙親安排掌控而無法獨立自主。

　　因自身個性使然加上對於雙親長期壓抑的反彈，，張瑞麟在高中時心性有了極大的變化。他學會抽菸、開始翹課逃學，一心只想飛離囚禁著他的家。心中滿是對原生家庭的憤恨與不甘，甚至浮現了輕生的念頭。每每在情緒與理智拉扯之間，他總憑藉著殘存的最後一絲理智戰勝了極端的情緒。為了能以最快速度擺脫囚禁自我的家，張瑞麟決定報考強制住宿的軍事學校 - 國防醫學院，就這樣開啟了他近半生的軍旅生涯。

20171219 退伍日

秉持父親精神
觸目驚心的軍旅生涯 盡是身在咫尺魂歸天涯

　　張瑞麟如願考取國防醫學院後，伴隨著新鮮空氣的新生活，課業雖繁重但心很自由。然而還來不及歡慶人生的甘甜，青澀初戀的受挫與生命的衝擊，已冷不防悄然而至，別無選擇也別無它法。民國 87 年 2 月 16 日，張瑞麟仍和繁重的課業奮戰著，校方突然發佈緊急命令，全員集合後赴大園空難現場施行現場救災任務。空難現場彷若歷經大爆炸，眼前的景象讓他以為自己身處煉獄，在還來不及反應時已被分配至各處搜集散落的屍塊拼湊完整，以利辨識死者身份。完成任務返校後，張瑞麟與許多同學都出現同樣的症狀，夜晚無法入睡、在惡夢中驚醒，白天則受盡恐懼的煎熬，精神無法專注。校方也精心安排了許多心靈療癒的課程與講座，極盡所能希望平復救災學生的身心狀態，但對於張瑞麟而言卻於事無補，空難現場的劇烈慘狀對他已造成難以抹平的精神折磨。而張瑞麟卻從未向他人傾訴內心的衝擊與精神創傷，面對親朋好友的關心問候，他也只是淡然地回答：「我都好，沒事。」

▲ 20190720 廣州公司開幕

▲ 20190720 廣州公司開幕

　　醫學院畢業後，張瑞麟正式從事軍醫一職，原以為軍醫單純的工作環境，能開始正常生活。未料他的性格並不適合從事軍職，但若提前退役又將面臨高額賠償，他只得咬著牙繼續苦撐。誰知卻又遇上台灣史上傷亡最慘烈的 921 大地震，這場慘絕人寰的巨變對於張瑞麟來說，更是壓垮駱駝的最後一根稻草。

　　年紀 20 初身為軍醫的新生排長，張瑞麟為初生之犢，引領著和他同樣沒有任何救難經驗的弟兄深入災區救援，美其名為搶救但事實上卻是收屍。在斷垣殘壁中挖掘出一具具冰冷的遺體，每一具遺體的發現隨之而來的就是家人朋友一陣撕心裂肺的吶喊，天人永隔的痛不欲生，這是在大螢幕中才能見到的場景，如今卻活生生的在眼前真實上演，張瑞麟的內心早已崩潰決堤，但只能故作鎮定自強。

　　猶記得現場救災的一幕，讓張瑞麟眼淚潰堤止不住淚。救援大隊當時在一處被土石淹沒的民房中發現二具遺體，是一名母親用自己的身軀緊緊將自己孩子護在懷裡，維持著相互擁抱的姿勢。而當遺體被移送救護車時，任憑眾人花費多大的力氣，都無法將這對母子分離。在那一瞬間張瑞麟彷若看見他們此生的最後模樣，在山崩地裂危及生命之際，最偉大的母愛

20180601 名人蒞臨餐廳

是母親心中最強執念 - 保護孩子。無論發生什麼事，孩子永擺在第一位，沒有任何遲疑恐懼。

　　而這樣令人鼻酸的故事在災區現場不斷上演，而持續三個月的救災行動，屍臭夾雜著血汗淚水味，無法盥洗加上閉上眼也無法睡去，導致張瑞麟再也無法故作堅強，精神極度崩潰，罹患創傷後壓力症候群，也因此調動為內勤職務。

精神崩潰深陷極重度憂鬱
也究竟成為自己最討厭的人

　　張瑞麟在服役期間也完成了終身大事，邁向人生下一個里程碑。不幸的是，原生家庭及救難任務的創傷，在他還未完全適應婚姻家庭生活時輪流浮現，引發骨牌效應一發不可收拾。

　　張瑞麟在面臨情緒無法控制時，竟開始家暴妻子與孩子，他原生家庭帶來的創傷仍無可避免的殃及下一代。他靠服用抗憂鬱藥物穩定情緒，盡全力回歸正常的家庭生活，但與妻子終究

20190913 占卜及療癒諮詢

20191209 廣州舉辦小型講座

20200105 廣州舉辦小型講座

仍走上離異一途。回到一個人的單身生活時，張瑞麟才得以靜下心反思自己的行為，對自己成為父親的翻版 - 一個對妻兒家暴的施暴者、一個自己最不想成為的人，他每一天都在譴責自己，悔不當初，甚至又再次浮現了輕生的念頭。好幾次想就此完結人生時，他想起疼愛自己的母親，憑著一股母愛給予他的力量，盡管痛苦難當但他仍跨過了人生中最難熬的十字路口。卸任軍職後，張瑞麟對未來只感覺一片茫然，多年的軍旅生涯讓他一時間沒有方向。這時他遇見了一位精通三合一命理的李靜唯老師，李老師為他指點了人生三個方向 - 從事房地產相關行業、餐飲服務業、以及身心靈導師，這次的會晤深談也為他日後的人生指引了重要的方向。之後張瑞麟透過學習而認識從事法拍屋投資的友人，並與幾位志同道合的朋友一起全心投入法拍屋市場。張瑞麟所從事的法拍屋市場與一般人所認知的傳統法拍屋不同。除投標技巧之外，更著重於得標房產的內部裝修，也標榜買房者一只皮箱輕鬆入住。因他講究細節與誠信的服務，短時間在業界就闖出了名號，獲利豐厚。

　　獲利後張瑞麟開始想跨足投資其它產業，多方評估後他投資了一家港式海鮮餐廳。由於餐廳走精緻高檔路線，菜色料理、服務品質皆為上上之選，餐廳的座上賓無一不是政商名流權貴富豪，一時間他的餐廳成為社交、談生意的熱門場所，風生水起。

20200224 廣州情緒療癒演說

　　後因法拍屋市場競爭越演越烈，即便有萬全準備也時常無功而返。張瑞麟只得順勢結束法拍屋事業，重心轉移至餐飲業。無奈因國家政策轉向，暫停陸客來台旅遊觀光，讓台北市整體的餐飲業蒙受重大損失。反覆思量後張瑞麟決定以停損為先，結束辛苦建立的名氣餐廳，也一起結束了他此時風光無限的人生。

　　經營餐廳期間不幸又遇上二起詐騙案件，損失近千萬，又因將家族房產讓與銀行增貸，親生胞弟竟與張瑞麟老師對簿公堂，與父母的關係也就此徹底決裂。當時的張瑞麟身無分文四處借錢，親朋好友當他是牛馬蛇神避之不及，寄住友人家長達半年之久。就在這樣艱困之際，憂鬱及躁鬱症卻在在這個時候一起找上了張瑞麟。原生家庭的心理創傷、服役期間的創傷後壓力症候群、遺失的愛情、反目的親情，屋漏偏逢連夜雨，讓張瑞麟的病情急轉直下。這一次不同於以往，輕生這件事差一點就成為事實。幸運的是，上帝讓其實一直都眷顧著張瑞麟，指引了他人生的第三條路。

天助自助者 天無絕人之路
最美好的總是在不經意的時候出現

　　幾年的商場征戰中，張瑞麟也不曾忘記要自我進步，期許自己成為更好的一個人。他利用工作閒暇之餘，參加了不少宗教團體（基督教與紫衣佛教）也學習過許多身心靈課程。在 2018 年參加了「情緒密碼」的課程（創辦人：布萊利，尼爾森醫師），課程中講述受困情緒的療法，讓張老師頓時覺得困惑已久的謎團，終於被解開了。2019 年參加金字塔揚升學院的天啟課程，張瑞麟老師因此而開啟了靈魂天賦-情緒療癒的能力，天啟為張瑞麟老師打通了任督二脈、釋放昆達里尼（拙火）、解開脈輪封印、淨化植入物芯片、頂輪開悟蓮花綻開，他的感知能力獲得飛躍性的大幅提升。餐廳結束營業後，張瑞麟老師與李靜唯老師交流想法，他們一致同意身心靈療癒是一套值得推廣的學問，於是 2019 年張瑞麟老師與李靜唯老師、Jason Wu 老師在中國成立企業諮詢公司，開啟了他的心靈療癒之路。

▲ 20190720 廣州公司開幕

▲ 20171213 退伍前的捐血

20180919 自營餐廳

　　在中國有更多飽受情緒壓力之苦的人，張瑞麟老師善用他的療癒專業 - 情緒釋放，協助學員探索靈性、尋求真我，獲得新生。前來尋求幫助的人絡繹不絕，由於療癒的成效佳評如潮，經由學員的口耳相傳，不久後張瑞麟老師便成為中國內地相當有名的心靈療癒師。

　　無奈天有不測風雲，2019 年底全球新冠疫情大流行，因應疫情張老師於 2020 年選擇回到台灣，觀察疫情狀況再做計畫。回台後張老師應「金字塔揚升學院」之聘，擔任情緒釋放的心靈療癒導師。張瑞麟老師說：靈魂選擇在光子帶的關鍵時刻生處地球並不是巧合，「靈性覺醒」及「揚升」是每一個靈魂最渴望的事。

　　張瑞麟老師本身就是情緒療癒法的受益者，擺脫了原生家庭帶來的心靈創傷、釋放了受困情緒、治癒了憂鬱 / 躁鬱症，因情緒引起的過敏性鼻炎也不藥而癒。生病及不適是身體發出求救信號，人們常忽視這些隱藏在情緒底層的巨大瘡口。人的情緒會隨著時間平復，但因情緒受的傷害會如實完整地被記錄在潛意識裡，騙不了人。不同的受困情緒會破壞不同的器官，中醫的傷寒論就記載 - 心主淒涼、肝儲憤怒、脾收擔憂、肺藏哀傷、腎主恐懼。張瑞麟老師的情緒

釋放課程能協助當事者擺脫負面情緒的干擾，進而利用宇宙能量擴展意識智慧、強化內在力量，顯化豐盛圓滿的實相。學員在上過他的療癒課程之後，無不嘖嘖稱奇，直呼太不可思議。張瑞麟老師的背景為西醫藥學，在新冠疫情期間有緣聽聞「黃帝內經養生之法」，隨著張老師深入探究中國老祖宗的智慧療法，他開始慎重思考西醫醫學理論的真實性。養生不治病，但目前已有五千名養生學員改善了健康狀態；這套養生法不需節食、不吃代餐、不是減肥，餐餐吃好、睡飽，養生學員無一不自然回歸成自己最美好的狀態，這就是黃帝內經的奧秘所在。

張瑞麟老師立志終身推廣祖傳的養生之道，黃帝內經祖法有云：持者恆之，習經養法，面容意改，五臟歸位，脫胎換骨，七星換斗，量無弗界。他期望用正向的影響力，讓更多有緣人脫離疾病痛苦，身心靈同步提升。人生的課題無外乎是：健康、家庭、金錢、事業、關係（親情／友情／愛情）。親友愛人的背叛、生離死別、事業失敗、病痛纏身、負債破產，有時候人生不是一分耕耘就有一分收穫，選擇比努力更重要。看著自信的張瑞麟老師侃侃而談著他的過往、當下與未來的展望，被他生命中展現的韌性所深深折服。他的歷練讓我身歷其境，他的療癒專業讓我躍躍欲試。人生沒有白走的路，我知道在他身上看見的博學與智慧，都是磨難中淬煉而成的精華，使人受益良多。

給大家的一句話

人生該有理想目標，若缺乏目標，就容易負面的胡思亂想；人生該互助利人，有利人之心，自然散發善與愛。

LINE
請掃描我

時光 記憶會隨著時間衰退 文字卻能恆古流傳
讓時光團隊用文字鐫刻屬於您的永恆

宇宙的愛裡成長鍛鍊自我
再將這份愛分享
給需要愛的人們

陶陶然創辦人
陳秀蓉老師

　　人存活於世，總非一帆風順。起落之間，可能一輩子就已經走入尾聲。許多人常會感嘆命運無常，當陷入人生的低谷時更是如此，甚至會對自我的價值產生懷疑與錯亂。近幾年靈性的生命一直都是許多人談論的話題，在生活極其忙綠以及壓力遽增的時代，心靈生病的人與日俱增，為消除病因，許多人開始向內探詢真正的自我和需求。

▲ 「網路行銷」台中簽書會現場

　　身心靈的相關議題也成為一門顯學，而陳秀蓉老師更以自身 30 年實際操練的體悟與見解帶領許多人，解除心靈上的鎖鏈，邁向本屬於自己美好的明天。

幼時心靈上的創殤
不自覺的綑綁自身多年

　　陳秀蓉出生於台北，父親是名公務員母親則是尋常的家庭主婦，在那個年代公務員的收入還算不錯，所以整個家庭經濟狀況比一般尋常的家庭更優渥些。陳秀蓉未出生前，父母親求子心切，在老一輩的建議下領養一個孩子，藉由這樣的方式能為領養者帶來屬於自己的子嗣。說也蠻巧，認養這名女孩後沒多久真的就讓母親順利的懷了陳秀蓉，後續也為這個家帶來了弟弟和妹妹，所以在雙親的心中對於領養來的女孩格外的疼惜，也因此陳秀蓉一出生就有一名遠親的姊姊。

　　由於得子不易，母親對於孩子自然是格外的溺愛，但受到傳統重男輕女的觀念，女孩子被放養，得到的結果是女生比男生成熟，而身為家中長女的陳秀蓉更加的早熟。

　　在陳秀蓉年紀尚幼時，一個母子關係的議題造成了一場家庭革命，對子女溺愛過度的母親在這場家庭革命中因家中孩子的離家而傷心過度，情緒崩潰到險些失去性命。

「網路行銷」台中簽書會現場

汐止中小學家長協會拜訪議員

　　看見嚎啕大哭抽蓄中的母親，幼小的陳秀蓉當下不知如何是好，只能輕輕地牽著母親的手，安慰著幾近崩潰的母親，心中也暗自告訴自己：「以後不管發生任何事情，第一優先考慮就是不讓母親傷心」。但也因為這樣的信念，竟為自己的心靈疊加了來自原生家庭所帶來的創傷。

不爭不搶 將自己所有的心思隱藏
只為了取得他人的歡心

　　幼時養姊離去時母親崩潰的模樣，一直深深烙印在秀蓉的內心深處，因此在成長的過程中，陳秀蓉對於母親一直都是唯唯諾諾，深怕自己一個不留神就引發母親的情緒不佳，『一個自以為順應父母的心意就是孝順』的錯誤認知就此展開。

　　平日生活中的秀蓉十分沉默寡言，除此之外，父親某些行為，更讓秀蓉內心的恐懼一直伴隨她成長而無法消除。父母一言不合而翻了一桌的飯菜，在憤怒情緒底下的秀蓉除了要克制自己恐懼的心情之外，還要安撫年幼的弟妹，讓原本就受傷的心靈創傷更加劇。

　　在雙親與親戚朋友眼中，陳秀蓉是個乖巧少言的小孩，但是他們並不知這背後隱藏著許多的恐懼，在高強度負面情緒下，讓陳秀蓉越來越沒有自信，但秀蓉總覺得只要父母親覺得開心就可以了。哪怕是誤解父母的意思而放棄了自己期待已久的畢旅。小小的小女孩又輕聲地說：「媽，沒關係其實我自己也沒有那麼想參加……」，然後一個人失落的回到房間裡，默默地啜泣著，她其實是多麼希望能夠去參加這些活動，但深怕母親會不開心而作罷。就這樣帶著沮喪的心情度過了求學階段，直到自己出了社會之後，對於母親的態度還是不曾改變，任何自己想要的事情只要母親有一點點的意見，陳秀蓉就會放棄自己的想法，凡事以母親的意見為意見。所以在雙親面前陳秀蓉從來沒有所謂的情緒，有的只是一顆隱藏在內心底真實想法和委屈。

汐止白佩如議員服務處

汐止北峰國小家長會長邀請授課「軟陶香氛飾品 DIY」

長久的缺愛與壓抑造就自己不完整的人格
猛然的因緣走向心靈覺醒

▲ 汐止北峰國小家長會長邀請授課「軟陶香氛飾品 DIY」示範教學

就這樣，「不配得」的能量狀態一直陪伴著秀蓉，渡過了半工半讀的求學習期、哪怕已進入職場，甚或是步入婚姻，這樣的不配得一直困擾著秀蓉。

在專職家庭主婦的生活長達 8 年，雖然在家照顧孩子，但秀蓉依然也沒放棄自己的興趣，如插花、陶藝、畫畫等等甚至還在家中自己開班授課，日子過的充實且忙碌，在自己的認知這樣的生活或許就是幸福。

在陪伴孩子成長的過程加入了學校的志工隊，開始進行了許多心理輔導人員的培訓課程，期間還擔任過志工隊長，也開始操練著自己。民國 90 年好勝的心使然，在考取美容乙級時因壓力而得了躁症，100 年美容職業轉型失利而得了鬱症，111 年又因挑戰地方基層里長敗選而再現躁鬱症，而這些病症只反應了一件事，那就是秀蓉老師其實是一個自我要求很高的人。

但每每遇見和幼時相同情境的人事物時，看似自信的秀蓉卻在瞬間掉入了潛意識的黑盒子裡，約莫 95 年，秀蓉突然感覺到莫名的悲傷與孤獨，她在心中問「為什麼我不

▲ 金龍國小園遊會

金龍國小年部志工大會花絮

新北市汐止家中婚後的全家福

陽明山擎天崗全家福以及我的父母親

牌卡身心靈療愈課程

快樂，真正的我在哪裡？」於是，在因緣際會下，竟在一個自我探索的課程中第一次和內在的自己相遇，從此也開始學習做真正的自己。隨著一次次的小冒險，秀蓉跟著內在的指引，一步步地向內遇見更多的自己，也在每一次的操練中更加地肯定自己，漸漸地愛上了直覺式的生活，讓她真正的解放原本的自我，真切的感受到宇宙間一股無私的愛在她的生命中展現，更在之後的生活中給足了陳秀蓉力量。經常，秀蓉可以察覺到這一股她看不見的力量，用各種方式給予她正確的答案。可能是與個案互動的一句話，或是書上的一小段文字，更甚或是電視中的台詞對白，經過自己反覆的驗證下，更堅定自身所經歷過的事情的真實性，至此她也開始打開原本就存在於自己心靈深處的天線，去接收這些宇宙給予她的信號，慢慢感受到自己被這份愛包裹的感覺，也給了她滿滿的安全感，更帶領她走出被憂鬱症控制的心靈而恢復自信又多采多姿的生活。

　　在參與各類有關於意識與潛意識的課程中，藉著這些學理上與生活上的交錯印證，找到她自身不快樂的原由，幼年時來自原生家庭帶來的心靈創傷對於一個人甚至是一個家庭而言，就是一場非常嚴重的浩劫。

新北市芳香療法研習

於是秀蓉開始涉入身心靈的療癒，藉由各種工具帶人們向內心去經驗自己，不管是在保健的療癒中，還是透過潛意識牌卡去發覺自己，又或者是運用陶藝等的課程中帶入相關的心靈認知與學習，讓許多人在她的引領下走出屬於自己自信完美的人生。

多年來的操練
只為得到一把真正能夠治癒人心的工具而得渡

雖然是一貫道道親，但秀蓉對於心靈療癒認知與能力卻和自己的宗教信仰無關，當她在潛意識中遇見自己開始，便逐步重新認識這個有點陌生的自己，學習做真正的自己。從一開始的唯唯諾諾，到如今能夠自在地分享自己的所見所聞，整個人也開始變得活潑開朗，這期間的轉變唯有自己親身經力了才能知道。

當然，學習的腳步是沒有停歇的，秀蓉除了考取專業的美容師證照外，也如願以償的取得大學的學位，得以在小學裡在代課的過程中，教育學童認知自己就是自己的主人。

談起自己專精的身心靈療癒，陳秀蓉也特別地說明她本身並沒有外界所說的流派或是起

源，所有能夠療癒的方式除了參雜她過往學習到的學理之外，有許多的方式都是 30 年間靠著內在連結的自我操練而來的總結。

身心靈雖然是近年來盛行的顯學，但對於秀蓉來說卻是這份宇宙間的愛給予她的一份責任，由於沒有既定的框架與論述，所以秀蓉對於分析許多求助的個案，能夠迅速地找到造成個案心靈卡鈍的起源，再根據這樣的源頭給予對方相應解決的方式，也因此陳秀蓉的療癒方式也獲得許多人的肯定與認同。

曾經也在陶土藝術課程中帶入了靜心的指引，讓學員在靜心的過程中得到身心安頓，還擁有獨特的心靈藝術作品，甚至能在

▲ 新北深坑農場金龍國小志工隊研習活動

新北市新莊靈氣研習

▲ 汐止人文藝術多元發展協會辦理親子攝影比賽及母親節活動

▲ 汐止人文藝術多元發展協會辦理親子攝影比賽及母親節活動

作品中得到了來自靈性的暗示而得到了解惑以及療癒。每個人來到這世間總是有不同的使命要執行，這也是許多宗教所談論到的修行，但是在秀蓉眼中的世界，修行是在生活中實際的落實和創造無限的可能。而其中最為重要的，就是『心』，可以在覺察中透過起心動念去找尋內在那個意識裡田裡的業力種子。人生不如意總有十之八九，有些人一笑置之，有人則會不快樂甚至擔憂或是恐慌，當我們有這些起心動念時，一定要直接面對它並問自己是什麼因素造成的，到底這些起心動念要教會我們什麼事呢？千萬別浪費宇宙讓我們向內找答案的機會，因為當我們藉此找到原因，我們就離幸福的彼岸更靠近。因此，身心合一、身心安頓是陳秀蓉一直在推動的事，更以自身為借鏡，讓其他人能夠盡速的掙脫原本加諸在身上無形的枷鎖，回復到原本正向、開心、安樂的自我。她其實一直以自身為能量體，將自己高頻的能量藉由不同的方式傳遞出去，如此能夠形成一圈圈充滿喜樂與善意的循環。看著陳秀蓉老師充滿笑意的眼神訴說他的過往與現今時，能夠感受到她小小身軀中所充滿非常強大愛的力量。她自己也知道從操練到覺醒是一段非常漫長的過程，而自己擁有這樣的能力，也從不藏私的分享給更多人能了解和學習，從她身上看見了無畏的愛，更希望陳秀蓉老師能夠帶領更多的人，在這樣充滿變數的社會中，尋求到屬於自己的高能量，讓自身能夠散發喜樂之光，同時讓這樣的正向能量充滿在社會滿一個需要的人們身上。讓每個人都能夠擁有一份宇宙來的大愛，引領自己他人走向更好更完美的人生路。

給大家的一句話

真正的愛自己，才能充滿力量。

電話：0939-545-994

Line
請掃描我

Facebook
請掃描我

記憶會隨著時間衰退 文字卻能恆古流傳
讓時光團隊用文字鐫刻屬於您的永恆

從基層做起靠著堅定意志與
過人勇氣成就自己的
事業版圖

沁豐消防公司
黃子豪

　　因著社會變遷與人們思想轉變，在台灣有許多從事工程方面的工作是現在年輕人不喜參與的。像是建築工地工人、冷氣安裝工、各類設備的安裝人員等等，常面臨大量缺工的情形。黃子豪本身是一名安裝消防設備的公司負責人，一路以來也從基層學徒做起，一步一腳印憑著自己苦幹實幹的精神，逐步建立起屬於自己的事業體，更可成為現今年輕人的表率。英雄不論出身低，只要自身夠努力，老天一定會給予非常好的安排，讓努力的人都能擁有璀璨的未來。

▲ 施工現場

在父親鐵的紀律與愛的教育下
造就堅毅的人格

　　黃子豪是名七年級生，自幼生長在新北市，家中排行老二。黃子豪的父親是上海人早年跟隨國民政府來台後，便在台灣落地生根開設油墨公司。實質來說黃子豪是一名不折不扣的外省二代，黃子豪打從懂事開始，就跟隨在父親身邊協助幫忙一些能力所及之事，而父親平日更以身教教育著他，而對於黃子豪的課業父親並不會非常看重，但對於品德教育則是非常嚴厲。也因此從小他的成績便非常平凡，但是品性卻比一般孩子來的高些。而嚴厲的父親也有其溫暖的一面，記得有次黃子豪從外頭撿回一隻流浪貓，因為怕家人發現責罵，便偷偷的養在自己書桌的抽屜中。某日上學回家時，一回到家中就看見父親抱著自己的貓，用吹風機吹著牠濕漉漉的身軀，當下黃子豪非常害怕被父親責罵自己偷偷養貓的事，但父親卻非常和善地對他說：「你把貓養在抽屜裡，牠把水打翻了，我就先把牠吹乾不然會生病的，而且你竟然帶牠回家養，就要負起責任好好的養牠，而不是用這種方式。以後不管做任何事一定要把責任看得非常重要知道嗎？」說罷便把吹乾的小貓交到他的手上，而這一幕即使時隔多年仍舊深深地烙印在黃子豪的心中。而這一刻起凡事負責任便成為黃子豪日後在待人接物上一項極為重要的圭臬。

施工現場同事合影

餐廳門口親子互動

父親的離世打破原本的生活
擔起責任負擔家計

　　父親在黃子豪國二那年驟然離世，這也讓家中發生莫大的改變。由於母親一直以來都是單純的家庭主婦，頓失依靠後便顯得十分茫然，父親過世後公司在親戚與母親的支撐下維持運作，而黃子豪也順勢在自家公司利用自己課餘的時間協助母親打理一切。而高職畢業後更為了能夠早日工作，便選擇直接入伍不再繼續升學，歷經二年的兵役生涯回到家中，在母親的安排下進入一家有業務往來的公司，開始學習有關油墨公司的一些精細的製程，以期能夠繼承父親遺留下來的家業。歷經二年的學習後，黃子豪對於油墨方面專業製程也有相當的經驗，正逢之前父親合作過的公司有擴展的計畫。後續便由二家公司互相出資成立另一間新的工廠由黃子豪經營負責，但歷經二年的苦心運營，終因雙方理念還有運營方式各執己見，在沒有共識的狀況下，黃子豪思考許多後便毅然決然地退

出公司經營，尋求其他的發展方向。正當自己在為之後該做甚麼事而發愁時，弟弟說到自己熟識的一間消防設備安裝公司缺工，看他是否願意去嘗試一下，畢竟工作粗重也非常辛苦。當下的黃子豪也並未思索太多，只覺得先有一份穩定的收入比較重要，而這樣的決定讓黃子豪開啟屬於他一段特別的旅程。黃

子豪在弟弟的引薦下，進入這間公司。從最基礎的學徒開始做起，一開始當然甚麼都不懂，每天就是跟著自己的師傅忙進忙出的安裝各類消防設備，但黃子豪的學習動機也相當的強烈，遇到自己不懂或是不會的他一定向師傅虛心地請教，歷經四年的時間也學得一身的好本事。

一份良緣步入婚姻
夫妻同心勇往邁進

雖著時間的推移，在工作中黃子豪也漸漸有了屬於自己的目標與方向，生活上也漸趨穩定，而此時月老也悄悄的來敲門。在朋

友的介紹下結識自己的妻子林宛蓁。宛蓁的個性與子豪大不相同，個性較為活潑外向，跟子豪相比就是一個動一個靜，兩人之間恰

子豪、宛蓁婚禮現場

宛蓁家人合影

巧非常契合與互補，由於比子豪年紀稍長，所以在生活中常扮演著導師的角色帶領著子豪往更好的方向一同前進。

　　林宛蓁的成長背景與子豪截然不同，自幼就是在雙親細心關懷下成長，求學也是十分順利一路念到東吳企管，步出社會後擔任過幼教老師後來轉至 TVBS 新聞部過著令人稱羨的職場生涯，由於是在電視台工作自然而然也接觸許多不同的人事物，更讓她有著超脫同齡人的成熟。在外人眼中能在電視台工作是令人非常羨慕的事情，但其中的甘苦與艱辛只有局中人才能窺而得知，由於出色的工作能力，之後便轉至華視節目部擔任要職，每日的生活幾乎跟作戰沒啥兩樣，因為是節目製作所以有許多的細節與過程都必須要非常的嚴謹，這也讓林宛蓁的生活有著相當大的變化。或許一般的上班族可能非常規律的朝九晚五，但身為節目部導播卻要肩負起非常多的重擔，回到家中常常已是深夜，除了倒頭就睡外幾乎沒有什麼休閒時刻，常處於身心俱疲的狀態，或許老天也心疼著她，讓她在某次聚會上與子豪相遇。談起子豪吸引她的地方時，卻令人訝異她喜歡子豪的沉默寡言。而此次聚會上還是宛蓁率先與子豪打招呼，在子豪寡言的狀況下兩人就這樣有一搭沒一搭的聊著。

　　但當聊起宗教信仰時，兩人才稍稍有了話題，因為二人皆是基督徒的身分，也因為這樣的關係，讓兩人的關係迅速的升溫，在平日的相處中子豪也對於這位小姐姐日趨的信任，由於自小環境的影響，子豪皆是一個人去獨自面對許多的事情，而宛蓁的出現，讓他總是習慣一個人獨白的時間，有了一處可以傾訴的地方，而宛蓁也常會用自己對於事情看法給他許多不同的意見，讓子豪深受啟發與感動，而宛蓁也因為子豪的善良與純樸，更慢慢的修復許多

子豪家人合影

家人合影

施工現場

過往對於人性失望的一面。隨著二人交往時間的增長，更覺得彼此是非常重要的另一半，而後也在家人的祝福下走入了屬於他們的婚姻生活。

平靜生活泛起波瀾
抓住機緣創建自己的事業體

子豪與宛蓁結婚後也過起了相當甜蜜的生活，沒多久就迎來屬於倆人愛的結晶，正當子豪沉浸在當父親的喜悅中時，猝不及防的巨浪朝著他迎面襲來，由於任職的公司不堪虧損嚴重，決定逐步的裁員，而不巧子豪便是其中之一，而此時自己的孩子又剛巧出世，宛蓁更是在坐月子，家中的支出對當時的他來說是非常巨大的，但瞬間沒有了收入，讓子豪的經濟瞬間陷入困境。而面對裁員失去收入更不敢跟自己心愛的妻子說，在妻子與孩子的面前，仍舊裝出一副沒啥事的樣子，仍舊在固定的時間外出，裝做自己仍然在上班的樣子，但每每一出

▲ 父子學習做蛋糕

▲ 父親揹著孩子

家門口，子豪便不知該如何是好，內心驚恐不已，但為了不讓自己的妻子擔心，也只能將這樣龐大的壓力沒入心中，想辦法解決眼前的困境。

　　正當自己心煩意亂無計可施之時，碰巧一位過往在工地認識的同行小包商前來聯繫，看黃子豪是否願意以論件計酬的方式，協助他完成一個工地的專案。接獲消息的子豪二話不說便允諾下來，畢竟現在的他無路可走能接獲這樣的合作項目無非是天降甘霖，也讓他慌亂的心暫時能夠平靜許多，看過整個工程專案計畫後，黃子豪便帶著另一位與自己交情不錯的同事一同前往。憑藉著過應的實力也讓專案順利的進行，隨然是雙

方合作，但這名小包商卻常常會拖欠薪資，也令黃子豪相當的頭大，而整個專案運行到接近收尾時，這個同行竟然直接捲走工程款後人間蒸發，當事件發生後又讓黃子豪有陷入不知該如何的困境中。由於這個小包商是承接上包的案件，而上包廠商此時出面收拾殘局，也與黃子豪協議請託他能夠接續完成這項工作，黃子豪更以相當負責任的態度去善後，而後整個執行工程的專業程度更讓這間廠商大為激賞，於是在廠商的協助下正式接手所有的工程項目，也順勢成立屬於自己的公司，與廠商正式的對接更順利的完成這項專案工程。在專案工程結束後更深獲這家公司的信任進而簽屬成為正式的合作廠商，

也讓黃子豪開展屬於自己不凡的創業路。

在歷經三年多的經營後,從原本的二人公司逐步拓展成十多人的企業,身為老闆的黃子豪更是付出自己相當多的時間與精力,而摯愛的妻子林宛蓁也從旁協助子豪一些工作上的事項,夫唱婦隨的經營屬於自己的事業,而子豪的精實、誠懇、負責任的態度更

是業界所讚許的。回首來時路,箇中的酸甜苦辣也只有自己知曉,黃子豪也以過來人的身分,給予現在年輕人一些建議,職業其實不分高低,但自身的心理素質一定要提升,千萬不要因為一些挫折就放棄往前進,在職場上更要不斷的增進自己的實力,才不容易被社會淘汰。在黃子豪身上看見一股不服輸

幸福的一家人

父子家中擺拍

的拚勁，面對困境他總是想方設法地去解決，而不逃避，對家人以愛對同事朋友以誠，這也是他能立足於社會的根本。深信在他自身努力不懈的前行中，勢必能夠再創高峰，擁有屬於自己更加光明璀璨的未來。

給大家的一句話

不論你在什麼時候開始，重要的是開始之後就不要停止。

記憶會隨著時間衰退 文字卻能恆古流傳
讓時光團隊用文字鐫刻屬於您的永恆

宜蘭頭城實驗教育先創家
自主學習有愛德芳友善園

李詩彥　張文成
張佳蓁　張正謙

　　一對沒有大學文憑的父母，在眾多親友不看好的狀況下為什麼會有勇氣帶領自己的一雙兒女走向自主學習之路呢？他們沒有高學歷、沒有人脈、沒有足夠的經濟背景，是如何能夠帶領孩子們在教育的路上往前走並摸索出自己的方向呢？
讓我們一起來看看他們的故事！

佳蓁、正謙到「宜蘭的甲蟲森林」

一份母親特別的愛
給孩子一雙自由學習的翅膀

　　佳蓁、正謙的自學之路早在他們嬰幼兒階段，身為母親的「李詩彥」就看到親子天下雜誌有關開放式教育的報導，身為母親很嚮往給孩子們這樣具實踐性且體驗式的真正教育，一開始李詩彥想給佳蓁在國小的階段就開始自學，「自學」這專業詞彙在西方國家是很稀鬆平常，但在國內卻仍是實驗教育的階段，向教育部申請自學的孩子雖然越來越多仍然不太普遍，李詩彥礙於當時家庭的條件在各方面都不具備得很充分。當時「教會的姐妹建議何不等佳蓁國中後再開始自學呢？國中的孩子開始有些自主能力，比較不需要父母親的貼身照顧，也許國中時期是比較適合的？」等，一直等到佳蓁國一時，生活早已被很多的考卷及跑補習班填滿，幼兒時期快樂的笑容不見了，讓媽媽「李詩彥」重新想起了頭城長老教會曾經邀請過伯杰牧師所分享的「為耶穌做自學」，心中想起，很多自學的前輩都把自學的孩子帶得很好，這些孩子們也都發展得很有各自的特色，也許我們也可以來試試。

　　一開始父親「張文成」覺得，不論內外在環境在各方面的條件都不適合自學，問妻子「李詩彥」說，「妳能保證自學之路能走得好嗎？」而「李詩彥」也回問「你能保證在學校裡的學習一定能學得好嗎？」，最後「李詩彥」提到，若自學真的學不好，反正學校一直都在啊！

佳蓁、正謙在店裡幫忙，客人與我們一家合照

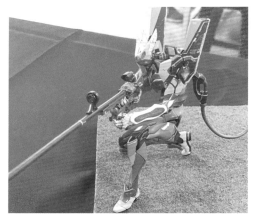

1	3
2	4

1 正謙 20221014 參加 RF 國際模型公開賽　　　3 一家人出遊 (2)

2 自行創業之一，過年期間在自家店門口賣　　4 正謙花蓮上摺紙課
鞭炮

大不了再回學校就好，但「李詩彥」心裡真正的想法是：一但走出來了，就全力以赴，沒有回頭路。「張文成」看著妻子已經多年都希望給孩子一個開放式的教育，眼看已要拉不住了，就從反對轉變到支持，張文成因為家中開店的忙碌，舉凡店裡的採買、備料、顧店都需要親力親為，故教育方面就全然的交給妻子「李詩彥」，夫妻兩人會在孩子自學教育的大事上互相討論，小事就由妻子「李詩彥」一手包辦。

参加山田卓司與漢克，手作達人的簽名會

自律自學自我安排
在自學的環境中慢慢成長茁壯

　　佳蓁從國一下學期開始自學，一開始不知道要如何安排什麼樣的課程，於是就把學校的課程安排在自學裡面，一樣是學「國、英、數、社、自」，而只不過是在家自己學，按照佳蓁自己想要的進度調整課程，接著參加一些自學媽媽推薦的「行動走讀」課程，它是一個混齡式的自學課程，由老師帶著孩子們一起討論想去哪裡？去那裡能做些什麼？或玩些什麼？要坐什麼

▲
一家人出遊
▲

孩子們外師的英文課

交通工具去？都透過老師的引導，讓孩子們互相討論，到決定目的地。師長也帶著佳蓁開始探索家以外的食物，開啟各種味蕾的體驗，也參觀許許多多的展覽，如：蘭陽博物館的展覽、微縮展與文創市集等，從沒有斷過的課程就是英文課，而英文課也是經由李詩彥親師生精心挑選的外籍英文老師，用貼近生活的方式教英文，孩子們最喜歡的一堂課，就是衝浪學英文。

「李詩彥」報名了頭城長青學院的烘培課，也帶著佳蓁一起上課，雖然上課的學員對佳蓁來說都是屬於超齡年紀的同學，但也沒想到這樣的烘培課一直上著，也為佳蓁開啟了未來第一波的雪花餅創業實戰，短短的時間就賣出上百包的好業績。接著李詩彥也帶著佳蓁去好朋友女兒開的咖啡廳，那咖啡廳經營得有聲有色，透過與阿姨、姐姐的聊天與深度學習，讓佳蓁了解經營一家咖啡廳所需具備的能力、財務方面的籌備、人力的安排、採購的成本、甚至還能進到廚房去看看廚房裡的設備等，這些都能成為佳蓁若日後想要自己創業時，就能有個寶貴的經驗，且未來到時如果有需要還可以再請教這些前輩。

「李詩彥」觀察佳蓁從小就喜歡賺錢，於是幫佳蓁開了一堂理財課，透過「我 11 歲就很有錢」這本書，這是佳蓁的理財教科書，開啟了佳蓁理財的知識啟蒙，接著透過玩桌遊「現金流」的遊戲，讓佳蓁開始了解金錢

的流向，練習寫資產負債表、收入支出表等，也了解被動收入大於總支出，生活就不再被受金錢的控制，也就是所謂的「財富自由」。這堂理財桌遊課持續約一年的時間，從兩、三個孩子開始聚在一起玩，到最後能在教會開一堂桌遊課，佳蓁、正謙也成為小老師，教其他的孩子玩，更能把這樣的理財觀念慢慢落實在生活中，如果姐弟倆想買什麼東西，都會倆個人先討論與商量，大部分都會用他們打工賺的錢，合買一個他們共同喜歡的「公仔」，佳蓁總說，把錢變成自己喜歡的樣子，看了很賞心悅目，也有了下一次再賺錢的動力。

1&2 正謙摺紙課的第二個作品
　　「巨齒鯊」

3 參加世界大師賴瑞·吉爾曼
　(Larry) 喚醒內在的小孩課程

4 佳蓁國小的畢業典禮

新竹美學館「戀戀山海」計劃案的成果展

▲ 受邀拍攝安麗的「小夢想・大志氣」影片

▲ 受邀拍攝安麗的「小夢想・大志氣」影片

姐弟同心微型創業
為自己的人生開創新局

　　弟弟「正謙」升國一時，姐弟倆便開始了以兩個人各自的興趣為結合的「雷射切割創客課程」，姐姐喜歡理財、創業、弟弟喜歡手作，於是就要與老師一起討論，如何做出好的作品？未來可能會有商業的市場？銷售的對象、通路等為何？從消費者的需求反推要做出

什麼樣的雷射切割產品？從討論、拍照、選定方向、量建築物的尺寸、學習電腦繪圖軟體、丟雷射切割機切出成品，反反覆覆的操作，直到大約上了兩年的雷射切割課程，做出了「頭城鎮史館」與「頭城長老教會」兩棟具有頭城在地歷史特色的建築物，隨之而

新竹美學館「戀戀山海」計劃案的成果展

暑假當小老師教青少年組裝雷切 DIY 頭城鎮使館

來就申請了新竹美學館「戀戀山海」的政府計畫案，以姐弟兩位自學生做地方創生為主軸，搭配著老街導覽與傳承，而順利拿到此計畫案，這中間邀請到資深的宜蘭在地導覽老師來教導覽，姐弟倆也有了第一次的導覽經驗，與報名此活動的遊客，介紹頭城老街與他們所設計出的「頭城鎮史館」立體建築物的手拼包，在這計畫案的過程中，當時手拼包還未完成，常常需要趕工，也有了創業家需要趕工、熬夜的真實體驗，在這計畫案完成後，也參與了成果發表會，與其他地方創生的長輩們互相交流，也聽聽這些長輩們的想法與為著自己的家鄉盡一份心力。

姐弟倆也因為是從「創業」的角度開始做雷射切割的作品，而上了三星國中校長「張輝志」校長開的創業課程，在這個課程上有了拍影片的機會，因為拍的影片得了第二名，順利拿到獎金幫助宜蘭弱勢的孩子，也因為這堂創業課，「張輝志」校長邀請到「林作賢」校長來教課，也認識了林作賢校長，而林作賢校長又邀請了我們，讓我們有了出書與到大學演講的機會。而「正謙」從小就是個喜愛動手做些小東西的孩子，在小的時候，他常常有很多不經意的小創意，所以李詩彥常會買些要動手做的小玩具，如：黏土、畫畫，慢慢長大後陸續增加：積木、樂高，正謙在約 11 歲時就能在一天的時間組完 15 歲難度的樂高，在國小四年級時，在學校的紙飛機比賽得了冠軍，上英文課時，英文老師分享他總在玩老師家的貝殼，但他不是不專心、他是邊玩、邊有聽老師講課，老師說，因為老師問他問題，他還能用

開玩笑的方式回答，表示他有聽懂了，有一年暑假，李詩彥也幫兩個孩子報名機器人手臂的課，正謙回來分享，他喜歡手作的部分，但他對寫程式沒有興趣，正謙也常常與媽媽說，妳不覺得學校上課很無聊嗎？老師要在台上講四十分鐘，我常常在發呆！

　　因為這些日常生活的點點滴滴，讓李詩彥更加發掘正謙是個喜歡在手作天地裡的孩子，而這樣的孩子更適合走自學讓他能有更多的時間在創作上，正謙目前也已經自學快三年的時間，他的課程真的大部分都在創作的手作上面，雷射切割的課、鋼彈模型的課、直到今年增加了手作摺紙的課，這些課程讓他覺得很好玩，做這些手作往往一做就是要好幾個小時，許多時候在我們大人的眼中覺得辛苦，你怎麼還不休息啊？但在正謙的回答，他說這是他享受的時刻，他很舒壓啊！他很喜歡這樣的學習方式，也很喜歡這樣的生活，陸續他也想穩定的朝向鋼彈模型的技巧精進，孩子們慢慢摸索找到自己的方向。佳蓁也陸續了解自己不喜歡個人創業，她想要尋找適合自己的團隊一起創業，也許別人有好的創業想法，她可以成為團隊的一員，一起開創。

1	3	1&3 綠色博覽會上創業課
2	4	2&4 機器人手臂課程

與三星國中團隊參與安麗的計劃案

　　今年當佳蓁、正謙開始有新的挑戰練習「演講」，這對他們來說真是一項非常巨大的挑戰，因為佳蓁、正謙都是內向害羞個性的孩子，平常也很少會與他人表達自己，因著自學，在去年已練習了一場又一場的老街導覽與手拼包的教學，覺得他們已經突破了不少，去年底就受到林作賢校長的邀請，先在中國文化大學法學院（大新館）對著台下約十位大人講了兩場，今年林作賢校長希望他們能再去大學分享他們姐弟倆的自學過程，經過一次又一次的在教會練習，林作賢校長不遲辛勞的來到頭城長老教會幫他們錄製演講練習的影片，在銘傳大學對著台下的大哥哥、大姐姐們講一場，最後到台灣的最高學府台灣大學的講台，上台前他們真的非常緊張，因為台下都是金頭腦的哥哥、姐姐們，但當他們站上台，對著台下的大哥哥、大姐姐們侃侃而談他們的自學歷程時，張文成與李詩彥才覺得這一路陪伴孩子們自學的路程冒出了一絲絲的曙光，一路走來，非常謝謝願意給孩子們機會的老師和校長們。佳蓁、正謙說這一路的自學很好玩，不覺得辛苦，目前遇到最大的挑戰就是站在台灣大學的講台演講，對他們來說是有些「痛苦」的，因為他們兩個本身都是內向個性的，要上台分享真的是很大的突破，但認真練習後，完成了這項挑戰又覺得很開心，自己有大大的突破。對於未來仍保持開放的心胸，總覺得未來有無限的可能。

▲ 模型製作成品

▲ 模型製作成品

自學的天空很寬廣
期盼孩子能自由的翱翔在屬於她們的天空

　　李詩彥本身是基督徒所以更在乎孩子的品德教育，除了平日固定時間在家中讀經外，也讓他們加入教會的青少年團契，藉以補足孩子們離開學校缺發同儕的這個部份，我自己也從信仰中獲得許多的啟發，不論是夫妻的關係，親子的關係，人與人之間的相處，都是透過從聖經中不斷地領受與調整而來的，這份信仰給了我勇敢堅定的力量，我相信因著基督的信仰，讓我的生命得到大大的改變，而兩個孩子也很在這份信仰中被愛，被灌溉。他們未來除了要更往下扎根在學習上，也要開始去學習幫助弟弟·妹妹們，學習給予往往比得到的還要快樂得多，我與先生最大的夢想就是未來我們的孩子能有自己獨立的生活與經濟，找出生活中他們覺得最舒適的生活方式。現今在台灣自學仍舊存在許多的爭議以及不確定性，但以一個身為自學生的母親來說，我深深覺得，自學是一種值得肯定的學習方式，它打破許多舊有教育體制的觀念，我也認為現行教育與自學它是可以雙軌並行的，若是在正常教育下導入自學的模式，讓二邊充分的融合，不就可以創造出讓孩子們彈性學習的環境，期待未來整個教育體制，能夠充分滿足每個孩子不同的需求，讓孩子開心的學習與長大，張文成與李詩彥夫一路支持著一雙兒女在自學之路上邁進，只要是孩子想學習的課程都讓她們去試試看、玩玩看，學習不該只在教室裡，學習是隨時隨地、無所不在，也更加期盼孩子們能找到最適合自己的學習方式與想要的生活方式！

給大家的一句話

　　從自主學習的堅持與實驗教育的多元發展看見創享家的真善美！

記憶會隨著時間衰退　文字卻能恆古流傳
讓時光團隊用文字鐫刻屬於您的永恆

人本教育的推手　用愛與關懷
讓孩子在自然感受
與感觸中長大

草編教育家
林三元

在台北的街頭，常可以見到一位頭上戴著草帽，臉上總是掛著和藹笑容的男子，用著手中的芒草編織著昆蟲、飾品，精湛的手藝常令許多人駐足圍觀。很難想像這名男子曾是在 IT 產業中頂頂有名的人物，在未走入街頭用草編傳遞教育理念前，他曾先後擔任台灣微軟副總經理以及中華電信基金會執行長。

在他職場生涯中為台灣的數位推進盡上自身最大的專業與力量。退休後由於過往的經歷，對於孩子的教育問題格外地重視。便以幼時母親傳承的草編工藝開始，經由草編藝術推廣自身對於孩子教育的落實與重視，冀望現代父母對於新一代孩子的教育問題，有更深的領悟與感觸帶領孩子，在如此極端的功利社會上仍能保有一份純真與愛。

林三元草編作品

偶然的機緣 成為文化傳承的種子

　　曾任台灣微軟副總經理的林三元先生，在微軟任內為台灣微軟在台灣打下相當深厚的基礎，離職後被中華電信延攬進入基金會中擔任執行長一職。在 2012 年出席董事會會議時，董事之一的孫大川先生推薦他向《漢聲》雜誌社總策劃黃永松請益台灣微型產業未來的發展，倆人見面後針對微型產業議題開始討論起來。席間黃永松先生忽然問了林三元一句：「你知道台灣美濃為何在國際上如此知名嗎？」是因為我，黃永松先生如此說著。原來黃永松曾經在漢聲雜誌英文版中以相當的篇幅報導，讓美濃紙傘躍上國際，而這篇專業的報導被不少國外媒體看見，更大為驚嘆美濃紙傘的美麗與文化後續更成為成為不少外媒紀錄片的題材。而這一小段對談內容讓林三元茅塞頓開，文化是所有創意的來源，想要讓台灣微型的產業被看見，媒體行銷非常的重要，如何成為國際話題更是非常關鍵的一環。

　　黃永松說完這段話後，從書櫃中拿起一本《中國童玩》，細細地告訴林三元軟文化的重要性，當翻到草編童玩那一頁時林三元心情異常激動，並告訴黃永松說：「我也會做草編，而且比書中介紹的主角會得更多」。黃永松有點疑惑地看著他，因為能傳承草編技藝的人並不多。趁此機會林三元便娓娓道出自己為何會草編的種種緣由，原來林三元會草編童玩的技藝式傳承自己最敬愛的母親，林三元幼年時家境並不富裕，父親是名礦工，而林三元年少時也曾經在礦業公司任職 58 天。在台灣五六零年代時，基本上並沒有所謂玩具的存在，有的便是用隨手可得的材料由孩子自行發揮創意自己製作出好玩的東西打發時間，也造就了所謂台灣的童玩。

大隻的是吳氏雀稗，小隻的是雙穗雀稗編的

承襲母親手作的溫度
母親的草編成為兒時最難忘的記憶

其實小時候，草編童玩就是林三元的日常。林三元出生於平溪，滿山遍野的芒草成為草編最佳的材料，所以說平溪是草編的故鄉並不為過。由於林三元的雙親都在礦場工作，除此之外便是從事農業。而每每農忙過後，當地人家都會做芒草草編，而自己的母親也會趁這個時候教導林三元玩草編，「以前沒有玩具，媽媽就做草編給我玩。」印象中五歲的時候，母親曾經教他用芒草編牙刷，就看著母親隨手拿起身旁的芒草一折一繞之間，不到一分鐘就做出一枝牙刷。當下林三元指覺得母親是萬能的，而後便常常請母親編織不同的東西給他，小到昆蟲大到可以放東西的籃子，在母親的巧手下一一呈現，也讓林三元學習到許多芒草的編織技巧，更成為一種兒時的本能，看到甚麼便可以編織出甚麼。對林三元來說，那是對於母親與兒時最溫暖的回憶，也是身體不可遺忘的本能記憶。在與黃永松先生暢談後，臨別前黃永松開了一本書單——日本作家鹽野米松的《留住手藝》，希望林三元有機會能夠閱讀這本書，書中記錄著日本傳統手工藝職人以及祖輩千百年來取法自然，用樹皮、藤條、竹等編織布匹、打造工具、維持生活的寶貴技藝和精神。而林三元看了書深受感動，也因為這次的會面深談因緣，種下他身體力行推廣草編文化的信念。

1 亞力山大椰子花鞘編的螞蟻
2 竹節草編出的幸福鳥
3 魚

	1
	2
	3

身體力行推動台灣文化傳承
走入學校、走入社會亦走入街頭

　　後續在中華電信基金會任內，林三元積極地推動「蹲點・台灣」活動，鼓勵大學生走進偏鄉部落；而「攝區二三事」邀請在地民眾和影像工作者進入各鄉鎮，透過文字、圖像與影音，發表社區的故事，讓更多人看見在地的獨特樣貌。而林三元本身則決定拾起葉材，練習、學習草編技藝，開創出更多獨創編法。只要是草編就離不開最重要的材料「草」，所以開始決定承襲這門文化技藝後，爬山變成為林三元的日常生活中非常重要的時間。仙跡岩、茶山古道、淡蘭古道，每一處的山野都是就地取材之處。

　　林三元表示草編可以訓練孩子安靜與專注，從簡單的手作中培養手腦並用的能力。日本、德國這樣的工藝大國，都有從小培養「手感的細節」的傳統，例如讓孩子學習摺紙，比起現成的玩具，更能刺激頭腦思考。「大自然的玩具更有生命力，豐富孩子的童年想像。」2015 年因為僑委會安排，林三元抵達美國東岸，用 58 天走了 6 個城市，教這些城市的華文老師製作草編。身在海外讓人更加懷念家鄉的原生文化，他認為這是很好的推廣傳統技藝的機會。在2017 年退休後，林三元走上街頭，帶著打賞箱、簡單的工具，風雨無阻成為台北市正式的街頭藝人。在他認為街頭是一種表演藝術，而且透過草編能夠接觸到各式各樣的群眾，並可以與這些群眾積極地互動。在台北的街頭常可以見到林三元的身影，身旁總是圍繞著許多孩子，看著林三元從背包中熟練地挑選出各種葉材，一雙巧手快速變化編織出擁有白色尾巴的孔雀或是一隻活靈活現的蚱蜢。信手拈來生動的作品，常引起圍觀大小孩此起彼落的驚呼。

原住民耆老草編班在北原會館門前合影

黃椰子葉編的鳳凰

人生的後半段與草編為伍
藉由草編傳遞愛與關懷

不僅僅是草編技藝，林三元更放眼台灣在文化內容的發展，直言還有很長的一段路，也絕非三、五年就可以成就。而文化教育的基礎工作也一定要有人去執行，而林三元自然樂在其中。對於文化傳承很有感觸的林三元，在每一次演講中也會委婉請身旁的父母不要強制孩子過來向他學習，就讓孩子單純地觀看，有興趣、會好奇，才能啟發主動想玩的動力，是「玩」而不是有壓力的上課。並希望現代的父母，除了注重孩子的課業外，更加需要注重孩子的人格發展與品德教育。最好能夠辦辦著孩子一起長大，而草編就是最好的媒介也是讓父母與孩子有共通性話題的起始點。

除了有機會在街頭和林三元偶遇，他也在臉書建立「手編幸福」粉絲團，平日裡除了到社區大學中教課，四處演講和辦展覽外。更透過不同且多元化管道，展現著草編文化的藝術與美。在草編的路上林三元比大部分人更熟練，會得更多，也更有天分。他謹記黃永松對他說的一句話：「你是帶著使命來的。」也許這位「草編 CEO」，在歷經商場多年後的風雨，經營自己不凡的人生，而在人生的下半場，更注定要在文化技藝傳承的路上打出屬於自己最閃耀璀璨的一場球局。

▲ 芒花變鳳凰

▲ 多元的材料做出不一樣的小動物

給大家的一句話

讓草編童玩連結親情、創意、永續與自然！

手編幸福

時光
Time

記憶會隨著時間衰退 文字卻能恆古流傳
讓時光團隊用文字鐫刻屬於您的永恆

澎湖洪家一門三傑
為台灣桌球譜下不朽樂章

洪復仁 洪晨瑋 洪敬愷

　　台灣的桌球在所有球類競技活動中，發展的時間相當早。早年因為整體經濟環境普遍不佳，而人民的休閒運動，不是跑步再不然就是桌球與籃球。而桌球的設備更佳簡便，一張球桌、二個人擊球廝殺便可消磨許多時間，所以桌球運動一直也是最受歡迎的庶民運動之一。由於桌球運動環境成熟，也培育出不少好手如老將莊智淵、在 2021 年冬奧大放異彩的林昀儒、鄭怡靜。而澎湖洪登老先生更是早年在澎湖擔任教練，培育出不少國內的桌球好手，而其孫洪晨瑋、洪敬愷更承襲洪登先生的桌球精神，在青少年桌球界更是知名好手之一，也為台灣桌球界平添佳話與美譽。

▲ 晨瑋、敬愷兄弟合照

以桌球教育為天職
為台灣桌球界培育幼苗

　　洪家在澎湖的教育與桌球界是相當有名望的家族，而洪登老先生在世時，更是許多知名的國手啟蒙教練，如：蔣澎龍、洪光燦、呂寶澎等等。洪老先生早年念完台南師專後，本著對於澎湖故土的情感，放棄在台灣任教的機會，回到澎湖並在隘門國小擔任教職，也因他在學校成立桌球校隊後，讓隘門國小成為澎湖桌球國手的搖籃。洪老先生對於桌球是情有獨鍾，本身也是自學成才，而自己領悟出桌球之道與訓練方式，更為澎湖的桌球界奠下相當扎實的基礎，但是現今除了澎湖當地的耆老口述外，甚少有他的相關紀載。但在澎湖他確是大家公認的桌球之父，也是令人敬重的一名老師。平日裡除了醉心教導學生外，洪老先生更

▲ 與蔣萬安先生合影（任台北市長）

▲ 晨瑋、敬愷的爺爺，洪老先生

▲ 晨瑋、敬愷與父母合影

家人合影

▲ 敬愷出國比賽

特別喜歡種植蔬菜，對於農作知識也相當專精，閒暇之餘便自闢一處農田從事農作，也常常指導當地農民該如何種植提升產量，更被當地人尊稱為農學博士。早年澎湖的資源相當匱乏，而洪老先生為了籌措桌球校隊的經費，將自己農作所得用於增添桌球設備以及日常訓練上，因為他的執著與認真，讓早年他培育出來的國手一到台灣便展露頭角、遍地開花，不得不欽佩洪老先生對於澎湖的付出與努力，直至今日隘門國小仍舊承襲著洪老先生的精神，持續地在桌球界培育幼苗，讓台灣的桌球精神得以延續，也持續地在國際賽事中發光發熱。

秉持父親精神
開啟承先啟後的培育幼苗的責任

　　洪復仁為洪登之子，更是現為青年奧運桌球培訓選手洪敬愷的父親，目前服務於澎湖交警隊，秉承父親的精神服務澎湖鄉親。在洪復仁的眼中，父親猶如巨人般的存在。自幼也把父親當成偶像般的崇敬，從小耳濡目染之下，也對於桌球有著濃厚的興趣，由於父親的學生皆是國手等級，所以也想跟他們一樣，藉著桌球擁有自己的一片天。小小年紀的他在向父親提出想要學習桌球時，便遭到父親強力的拒絕，並且以學業為重的理由，強迫他放棄桌球，當時年幼只覺得父親不盡人情，即便遭到父親反對，自己仍舊帶著球拍四處找尋對手磨練球技，但常常遇見的情景便是父親拿著棍子，直接修理後、打回家中念書。就這樣洪復仁在極度無法理解父親的狀況下，完成基礎學業後進入警界服務，但是隨著年齡增長後，也明白當初父親的一番苦心，因為一般家庭要培育一名運動選手，是相當困難的事情，為了自己的前途著想，父親不得不用這樣的方式，讓自己遠

1 少年組比賽
2 青年組比賽
3 練習賽

1
2
3

敬愷參與 2023 西班牙公開賽

離桌球。但隨著進入警界服務後，發現竟有桌球競技活動，就重拾球拍，一舉成為警界甲組的桌球選手，更在後來的各類比賽中獲獎無數，也算彌補年少時無法盡情打球的遺憾，平日除了警務工作外，更在桌球的世界中，找尋到屬於自己的一片天空。

敬愷參與 2023 西班牙公開賽

發掘桌球天份
給予孩子一段屬於他的精采人生

　　婚後洪復仁仍在台南服務，也有了晨瑋與敬愷。而飛機變成他日常穿梭台澎二地的交通工具，週一時搭最早的航班飛往台灣本島上班，週五下班後又搭著飛機回到澎湖。只因家中有著最在乎的父親、妻子與孩子，即便這樣辛勞他仍不改其樂，但隨著父親年事漸高，他便跟單位申請希望能夠返回澎湖就近照顧自己的父親與妻小。在單位服務工作閒暇之餘，洪復仁也不改對於桌球的熱情，

1 15 歲青少年桌球錦標賽
2 17 歲青少年桌球國手選拔賽
3 19 歲青少年桌球國手選拔賽
4 2022 亞洲青少年

	1
	2
4	3

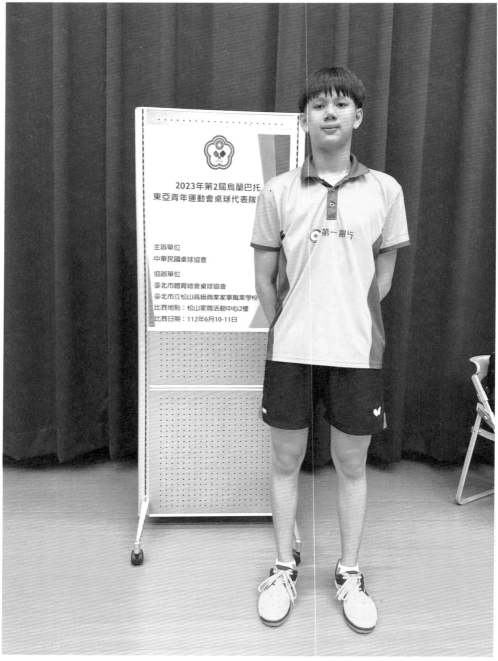

2023 東亞青年運動會

▲ 敬愷參與 2022 泰國公開賽

▲ 敬愷參與 2022 蒙特內哥羅公開賽

▲ 敬愷參與 2023 保加利亞公開賽比賽

約在民國 98 年於自宅購入一張球桌，起初是因為自己是警隊中桌球甲組的比賽選手，平日可以揮拍練習，更可以在空餘時間教一下在地的小朋友。畢竟在澎湖平日裡的娛樂並不多，更可以讓自己的二個小孩有個正當的休閒運動。所以對於二個孩子並沒有刻意去訓練或是教導，就讓晨瑋、敬愷二兄弟自己打著玩。身為父親的洪復仁看著他們小小的身軀，拿著球拍的模樣只覺得可愛，此時二兄弟也不過是國小一年級與幼稚園階段，而洪復仁也從未想過竟然因為這張球桌，能讓父親洪登的桌球精神傳承下去。

敬愷參與 2023 保加利亞公開賽比賽

比賽奪冠

▲ 敬愷參與 2022 泰國公開賽

一開始由於長子晨瑋自小跟著父親玩桌球，漸漸也萌生出想要學習桌球的想法，小學一年級時，在父親首肯之下加入球隊，開始正式訓練。而父親也順勢成為自己兒子的教練，在洪復仁的教導下也有了相當的成果。而此時尚在幼兒園大班的敬愷，也有樣學樣的跟著父親與哥哥練習，洪復仁也開始教敬愷如何持拍還有一些基本動作，年幼的他或許對於大人說的並不完全了解，但是他體內的桌球天賦，在不久後

便被身為阿公的洪登所發掘。某日洪復仁與自己的父親洪登在閒聊時，對著洪復仁說道：「敬愷這個孩子就我的經驗來看，應該是有桌球方面的天份，不過你再觀察看看。」聽到父親這樣說著，洪復仁大感驚訝，因為父親其實一直都不太願意讓洪家的後代進入球壇，但此時的父親竟然是用認可的口吻，訴說對於敬愷的感覺。於是便開始關注敬愷在球桌上的反應，也明白父親所說的天賦從何而來。因為敬愷對於每一顆球，都有非常強烈的心態，會盡其所能的去追每一顆對手所發來的球，此外在回球防守時也會順勢攻擊，這點倒是與父親洪登的訓練方式「用攻擊取代防守」的理念不謀而合。也因此當初洪登看見孫子展現球技時，應該就發現他有這樣的天賦，畢竟他這樣的訓練方式也從未跟自己的孫子說過。

敬愷參與全中運比賽照

敬愷參與自由盃比賽

跨級挑戰 展現自我
龍虎兄弟終成澎湖之光

　　之後洪復仁除了積極培訓晨瑋外，也開始正式教導敬愷一些正確的桌球觀念，此時懵懂的他，也是跟隨著自己的本能在球桌上奔馳。因為當時在澎湖並未有所謂幼兒園的桌球比賽，只有在實戰中才能看出一名選手的特質，便在自己的安排下，讓敬愷越級參與比賽。在一次次的比賽中，敬愷也嶄露了超強的天賦，在澎湖當地都知道洪家有個小孫子打桌球非常的厲害，之後更參加全國桌球菁英盃男童組的比賽，連續數年成績斐然，更在 110 年 19 歲級青年國手選拔賽中，又是以 14 歲之齡越級參加選拔，擊潰許多比他年紀大的選手，奪得 19 歲級青少年國手的第六名，可以看出他未來的發展是指日可待的。

在陪伴這二個孩子的過程中，身為母親的郭金玲更是幕後大功臣，為了給予晨瑋與敬愷更佳的求學環境與訓練資源，便帶著他們來到台北就學，照顧他們兄弟倆的生活起居，空閒時便帶著他們回到澎湖與先生團聚共享天倫，雖然在球壇中兄弟倆小小年紀便大放異彩，但是對於未來二兄弟卻有著不同的想法，哥哥晨瑋目前就讀松山家商，也是桌球校隊成員之一，個性沉穩內斂的他，每次返回澎湖便化身成當地小朋友最受歡迎的大哥哥，帶著這些熱愛打桌球的小朋友一同練習，無私地將自己所學教給這些小朋友，高三年紀的他與阿公洪登先生感情最為深切，身為長孫的他也覺得應該把阿公的桌球精神傳承下去，所以希望日後自己能成為專業的桌球教練，帶著自己對阿公洪登的情感持續培育更多桌球的人才。

而敬愷自小到大連年的征戰，已變成國家重點栽培的國手之一，相對的他想在國際賽事中持續發光發熱，替自己的國家以及洪家爭取更多榮譽，才不枉費最初阿公的期待，還有父母親對自己關愛，以及自己哥哥晨瑋一路以來的陪伴，因為除了父親，哥哥也是自己最佳的陪練對手與指導。談起阿公時，晨瑋與敬愷兄弟都是紅著眼眶，訴說阿公對於他們的關愛，濃厚的祖孫之情溢於言表。而洪家父子三人最終都還有一份最深切的期盼，他們希望在澎湖當地能夠設立一所「洪登桌球學院」，以繼承洪登老先生培育優秀桌球人才的精神，更希望以澎湖為根據地，讓洪登老先生的精神藉由學院設立永存於世，並提供熱愛桌球的孩子一處能夠盡情學習專業的場域，讓桌球運動更加發揚光大成為傲視世界的一道光芒。

給大家的一句話

能堅持別人不能堅持的，就能擁有別人不能擁有的。

時光
記憶會隨著時間衰退 文字卻能恆古流傳
讓時光團隊用文字鐫刻屬於您的永恆

以深厚國學底蘊
結合多派學說
提供芸芸大眾 許願夢想人生

開運改命姓名學權威
白穆蓮 老師

　　名字的好壞，足以左右一個人運勢與方向。近年來，隨著姓名學說的盛行，鑽研其術的人也日漸增加，各個學派應市場需求如雨後春筍湧現，亦造成眾說紛紜的混亂局面。白穆蓮老師以深厚的國學底蘊，輔之科學化的演算分析，結合多家不同學說，讓一些想取名或改名的朋友能夠明白「新姓名」的選字原由以及配合人生規劃的願景，讓您和孩子擁有好姓名並掌握好的運程與未來。

▲ 非禮勿聽（孔子佛像前）

▲ 禮佛跪拜

天資聰穎 自幼喜愛文字與國學文化

　　白老師出生於雲林縣，在家排行老大，一歲時隨著雙親遷居新北。自幼因雙親皆信奉一貫道，所以在學業教育中總是嚴屬帶著寬容，但是對於品德教育卻非常嚴格。白老師就在這樣充滿道統法喜的家庭中成長。打從國小一年級學習注音開始，白老師便非常喜歡閱讀，雖然家中不甚富裕，但母親還是用分期付款的方式，購買了整套的科學圖鑑、訂閱了多年的國語週刊，白老師因此常常埋首於課外讀物中，讓小小年紀的她有著超乎同齡小孩的成熟。當同學們都還在為注音符號苦惱時，小學一年級她所寫的作文便已經刊登在學校的校刊上，這樣的表現，令導師對她疼愛有加。白老師和父親到現在還記得當時民國七十四年台北縣土城鄉清水國小任教的授業恩師張惠玲導師，那時候老師功課出得很多，而爸爸只要白老師一個字寫錯或寫得不夠工整，便將作業簿整行擦掉重寫，小學一年級的她常常訂正作業到半夜十一、二點，對於導師和父母嚴格的要求白老師至今仍歷歷在目，但也培養出她堅毅不拔、越挫越勇、負責任的性格。國中一年級時，白老師第一次上〈中國文化基本教材〉，對於儒家文化所謂的「君子」有很深的感受，不只想學習「顏淵」「不二過」的精神，更被國文老師笑稱個性很像孔子最愛的大弟子「子路」！而國三時聽某位老師說：「四十歲以前對長相不滿意，可以怪父母，但四十歲以後，人要為自己的長相負責，因為『相由心生』。」當時根本沒有醫美或微整形等技術充斥的環境，白老師默默許下對自己的承諾：一定要讓四十歲以後的自己還像四十歲以前一樣美貌永駐。在國、高中時期，國文仍舊是白老師的強項，也因為和國文老師的互動一直很被疼愛與重視，就讀中文系始終都是白老師唯一的選項。

　　但白老師求學的過程並不是一帆風順地直達車，國中因為叛逆的緣故，高中就讀松山家

▲ 以我心印天心

▲ 祝禱天聽

商會參訪活動合照

商、二專就讀蘭陽科技大學,還好家庭的教育及平日的閱讀,加上學校老師們的諄諄教誨,讓白老師懸崖勒馬,透過轉學考的方式插班進入台中東海大學中文系就讀。在準備插大的過程中,還在補習班發生了小小的、但卻是影響白老師至深的一段插曲:由於天資聰穎,對中文又有多年的紮根學習,在補習班也始終名列前矛,因此有了一些傲氣,對同班同學報名時的建議,曾狂妄地說出「像你這樣的程度報台大夜間部就可以了!」沒想到最後因為這位黑馬同學在放榜過程中連戰皆捷的情況下,白老師以正取兩名、備取一名的備取資格跟政大中文系失之交臂,從此改變了她盛氣凌人、自視甚高的態度,永遠謙卑且相信「人外有人、天外有天」,永遠保持「三人行必有我師」的心態來待人接物。同時,在那個經濟起飛、全民炒股的時期,白老師的父母也跟著潮流進入股市,當時買賣股票是一般民眾的生活日常,上從達官顯貴、下至販夫走卒都在沉浸在股市賺錢的喜悅中,白老師的父母也希望藉由這樣的機會,讓家庭更加富足些。但人無千日好,花無百日紅,正當一切覺得有盼頭之時,股市卻一瀉千里,這波股災牽動整個台灣的經濟,甚至讓許多人因此家破人亡。白老師的父母當然也深受影響。此時正逢選填志願的環節,而父母的本意想讓她就讀資訊相關科系,有助於畢業後順利找工作,但白老師不管雙親的阻攔,義無反顧選擇自己熱愛的中文系就讀,此時白老師一方面心疼雙親的無奈、一方面也因不認輸的性格,讓父母為她繳完學費和第一個月的房租、押金後,便利用課餘時間開始打工賺取自己的生活費。

與眾不同的大學生活
不是工作就是在工作的路上

由於隻身來到台中就讀，除了學費之外，家中並無其他多餘的金錢可供白老師使用，在台中的二阿姨介紹白老師到電影院擔任售票服務員，因為白天需要到校上課，只能選擇大夜班的時段工讀，常常下班後已經是凌晨兩、三點，第二天根本無法早起上課，在同學眼中她是一名缺課慣犯，雖然不能準時出席課程，但考試成績依舊亮眼。白老師印象中最深刻的是一門「中國文化思想史」，她非常喜歡這門課程，授課內容包含中國歷代以來思想家的所有學說，但因為打工緣故常會曠課，教授這門課的老師除了固定早上第一節上課，更在開學之初警告所有同學，整個學期只會不定時點三次名，三次無論任何理由，只要未到就必然當掉。或許運氣爆棚，每次遇到點名之時，白老師剛好

都準時到課。期末最後一次點名，授課老師看著白老師，臉上一整個超級疑惑的表情，明明整學期缺課的學生，竟然在點名表上是全勤？！而這樣的好運也引發同學間的小風波，對比全學期安份上課卻剛好獨缺這三堂課的同學，只能感嘆白老師怎能如此的好運。

有驚無險地度過大學第一年後，白老師認為無法準時進入課堂終非長遠之計，於

1 應邀參加開幕活動
2 商會午茶
3 家庭獻香

	1
3	2

道場活動

是辭去電影院的工作，轉而進入補習班當工讀生，學習力超強的她很快就能掌握補習班所賦予的工作。某日白老師正在整理資料時忽然發現補習班正課老師的薪資很高，看著自己微薄的工讀費後，毅然決定要想辦法快速當上補習班正課老師，來賺取更多的薪資報酬。於是白老師一邊偷偷學習如何教導學生、編寫教案甚至如何上台教學時，也一邊開始找尋能夠擔任補習班老師的機會，後來得嘗所願進入另一家補習班擔任正課老師。除了工作能得到豐厚的報酬外，也多了許多自己的時間可以應用，當其他同學在課後安排了許多社團或社交活動，白老師扣除上課、上班的時間之外，開始研究起了易經、八卦等等較為玄妙的事理，面對一般人覺得艱深誨澀的古代知識，對白老師來說卻是稀鬆平常，就這樣大量閱讀古籍經典，加上原本在一貫道場中的進修學習，對於這些玄妙的學理有了與世俗學派不同的認知與見解，甚至也開始鑽研起了姓名學。此時的白老師只是把這樣的學習當成是興趣，在閒暇時，翻閱這些經典成為她生活中最大的樂趣。

步出社會體驗人生 專研天地人之道
開啟事業新版圖

時間過得飛快大學生活非常順利的度過，畢業後白老師也結束自己在台中的補教生涯，回到台北奉養雙親，畢竟自己已有相當的謀生能力，挾著在台中歷練的補教資歷，直接轉戰台北的補教業卻發現環境截然不同，台北補教業老師間競爭非常嚴重，過往在台中擁有東海學歷便可一展長才，但台北具有台、清、交、成背景的補習班老師比比皆是，原本的優勢回到台北竟蕩然無存。不過能屈能伸、反應迅速的白老師很快便打消教書的念頭，透過當時剛興起的人力銀行系統，直接轉戰至公司行號就業，雖然文組出身，但憑著初生之犢勇氣的白老師，分別擔任過傳產公司和電子公司的採購及人力資源人員，也做過總經理秘書，受到老闆惜才與照顧，也去上了一些有關人資專業與管理的課程。

因為常需要面試不同的人，在面試中觀察每一位前來應聘人員的談吐個性、就職後的舉止習慣等等，套用到之前自學的一些玄奇之術，也讓她發現許多的細微的軌跡，一一佐證自己的想法與事實發生的情況是否吻合，果然一個人的運程、做事方式、脾氣、個性，與自己的生肖姓名有著極大的關聯，

姓名學諮詢

命名證書

便又開始專研起了生肖姓名學。經歷自我學習與深入研究後白老師能輕易的從對方姓名裡推知健康及運程，甚至能夠精準的預判吉凶，由於本身並未正式接觸任何學派，白老師也是將觀察得到的結果當做茶餘飯後的話題，偶爾與親朋好友分享而已。直到有次參加一位高中同學舉辦的聚會時，談到自己小孩有一些狀況，花了很多時間精力卻查不出原因，白老師從孩子的姓名生肖上分析，說出了很多只有家人才知道的問題狀況，讓高中同學嘖嘖稱奇，於是在場的人都興沖沖拿家人姓名讓白老師測試，大家共同的結論是「很準！」因此白老師再另外排盤計算高中同學孩子的姓名四柱格局，發現姓名四柱格局對她的人際關係也有很不良的影響，高中同學不斷點頭說，的確在學校跟老師、同學的互動都有這樣的問題存在，讓她一直很困擾，因此白老師建議改名。豈料孩子改名後沒多久，整個狀況立即改變，讓好友嘖嘖稱奇。就這樣白老師神奇的事蹟在同學與親朋友好友間傳開，讓許多人開始找白老師命名、改名開運。歷經十多年默默為或熟悉、或陌生的親友執行玄妙之法後，因緣俱足，白老師決定正式執業，為更多有緣的眾生開啟方便之門，藉由自己的專業替人們打造可以許願的人生。

結合四派學說 改變個人運程
讓有緣之人得到美好的生活

在台灣傳統姓名學多是遵循日本熊崎健翁姓名學的理論延伸而成，許多姓名學老師皆是直接套用，現今流通的姓名學概括有幾個學說：生肖喜忌法、五行補缺法、四柱格局法以及九宮數字法等。另外還有其他枝微末雜的流派，各家學派爭鳴，造成眾說紛紜的混亂局面，讓大眾想取名或改名而不知該使用哪一派？也不知道哪種取名的方式適合自己？於是市面上有許多命理老師，只是略學過部份命名原則，便在論命之際順便幫前來指點迷津的人，提供改名的建議，但多數的反應卻不甚如意，常常改完名後，可能改善了運勢卻損害了健康、或者改善了健康卻損害了運勢、或者運勢與健康同時每況愈下的也是大有人在。

為何一個好的姓名如此重要呢？在當今社會中，好產品需要一個好記、響亮的名字，好公司需要一個好名稱，好網址，一段好關係更需要一個好名份，這就叫名正言順。姓名繼承了長輩的情、意、志，蘊含了個人的精、氣、神，傳達著天時、地利、人和的玄機，更是一個人形象、素質、品味的標誌。所以擁有一個好的姓名非常重要。尤其白老師替人取名，不單單只是論斷吉凶禍福而已，以一般命理的角度，姓名學是從生辰、八字、五行看起，這是一個人先天的格局，倘若一個人天生八字不好，起一個好名字，有助運勢的作用，可以拉他一把，給予支撐的力量。當然，如果天生八字好，但是卻起了不好的名字，雖然整體的格局不會因

BNI 商會全體合照

此被拖垮，但卻會在日常生活中形成許多阻礙，消磨自身的運勢，使得本命天生帶來的福報無法發揮，容易有懷材不遇或時運不濟的感覺。

白老師取名時，運用四大學派：

1，生肖的用字喜忌來維護健康

2，五行的平衡來穩定情緒

3，四柱的格局來決定運勢和人際關係

4，字根字源則從康熙字典挑選個人此生最適合的用字

綜上所述組合成獨一無二、最適合當事人、排除菜市場窘境（同名）的名字。

在取名之前很重要的一件事情就是「立四柱」，四柱乃命名的根基，等於是讓自身

的靈魂擁有房子的概念，假設一個人本命是居住在沙漠地區（就是所謂的命不好），那麼就該依照沙漠的地形、氣候搭建出一棟不畏懼沙塵暴以及耐低溫高熱的銅牆鐵壁保護自身的靈魂不受傷害，即使命運的風暴必然出現、襲擊，但靈魂會感到安全、安心，個人痛苦感受程度會降低，並且有信心可以熬過人生中的風暴，待風過天青後再重新開始。這就是為什麼同樣的天災人禍降臨在同一家人身上，父母兄弟姊妹的反應及堅強程度各不相同的原因。又比如說一個人本命是居住在湖光山色、風景一流的場域（就是所謂的命好），那我們可以替他搭建一座清幽雅致的別院，最好是四面都能夠欣賞到景色

的住所，讓居住者（靈魂）心曠神怡、好好享受及利用這樣的極致風景，成就理想的人生。白老師說：一般命理師的角色比較像是「心理諮商師」，用傳統固有的文化共識來釋放遭到挫折時的壓力；而姓名學老師則是「建築師」的角色，就像我們的肉體需要房子，我們靈魂也需要住宅，姓名就是我們靈魂的房子！再舉例來說，今天一棵仙人掌住在西曬的房子裡，它並不會覺得痛苦，但如果是朵嬌嫩的鈴蘭情形就不同了，仙人掌和鈴蘭指的也是個人天生的本命，西曬的房子就是我們的姓名。所以人們常常說雙胞胎的運勢、個性並不會相同，相反的，同名同姓而不同命的兩個人，雖然生天本命好壞不盡相同，但卻可能有著類似的運勢與脾氣。另外筆者覺得很有趣、也比較能理解的一個學說，就是生肖喜忌法，其核心思維就是根據個人的生肖屬性、依照動物的喜（歡）忌（諱）趨吉避凶來選字。生肖的吉，就是三合、六合、三會貴人。生肖的凶就是六沖、六破、六害。生肖的喜用字和忌用字，就是依照動物的屬性和天性來選擇。舉例來說，肖鼠者，可用「米」、「禾」、等相關「字根」，因老鼠喜吃五穀雜糧，若姓名中能帶此元素，則有豐衣足食之意。生肖屬虎，則可用「木」、「山」等部首，因為老虎即是山大王，於山林間可恣意奔馳，符合其天性，能發號施令、表現智勇雙全。而生肖若是屬於祭祀用的動物，如雞、豬、羊、牛則需要避開刀、人等部首，因為不是被殺（容易有血光之災）、就是被人果腹（犧牲奉獻卻不被珍惜），所以生肖的部分是比較容易讓人理解的。

　　目前市面上為人改名的命理老師，絕大多數都只使用一門學派，能同時應用二門學派命

▲ 直播側拍

▲ 姓名諮詢

團體諮詢

名者已是少數，而直接使用四門學說，專精取名為志業者，現今可能只有白老師一人。一般改名大多就只是為了讓當事者趨吉避凶、改變運程或改善健康，但白老師除此之外，更獨創了一套許願模式，能夠藉由命名許願來改變個人日後想望的生活環境。假使父母生了女兒，希望她未來變成一位自立自強的女強人，白老師會在名字格局內加諸領導力與事業運的排列方式，假使希望她未來嫁入豪門當少奶奶（白老師說還可以細分成「掌權、掌財、掌握老公的心」不同種類），則會加入能嫁入豪門的排列組合。可謂是先天或許未必充足，但藉由改名讓人能在後天的環境中，得償所願過著屬於自己喜歡的生活方式。另外坊間多數命理師都說，改名需要兩年的時間運勢才會開始改變，但白老師自己的經驗是，通常兩週內就會「有感」！目前還沒有人反應超過一個月仍然「沒什麼感覺」的。

除了改名換運之外，白老師也運用【卡巴拉生命樹】來為人們解惑：這是源自於猶太教的生日數字密碼，更是西方世界所有生日命理占卜的源頭，由於過去猶太人將之視為秘術不對外傳授，所以許多的受授者為了要將命理占卜運用於世俗大眾的需求上，做了許多的改良跟轉換，當然也融合了西方各不同民族的命理文化，才有現今各式各樣生日數字命理的流派出現。因為整個時代轉

變，猶太教中的拉比也深覺該秘術需要傳承下去，讓世人充分瞭解卡巴拉的重要性，而白老師深受天恩師德的眷顧，在因緣際會之下，學習到了這門千古秘傳的猶太教秘術，希望藉由卡巴拉能為許多迷茫甚至不知道未來該何去何從的人們，開啟一扇瞭解自己為何而生的大門，藉由解讀自己的生日密碼，更加清楚自身的使命與功課，以及日後能夠獲得的結果。白老師看起來雖然年紀很輕，但在實務經驗上卻已擁有 15 年為人命名、改名、解惑的歷程，白老師希望能夠藉由自己的專業帶領更多有緣之人，走出生命的困境、迎向美好的人生，並創造一個慈悲喜捨的大同世界。

給大家的一句話

飯要與你有緣的人吃才香 日子要和你懂的人過才幸福 名字要取適合你的格才旺旺。

時光
記憶會隨著時間衰退 文字卻能恆古流傳
讓時光團隊用文字鐫刻屬於您的永恆

以感恩真誠之心
在海峽兩岸開創自己的
新天地

廈門黑馬創業基地 負責人
翁金飛

　　80，90 年代，正逢對岸經濟開放之初，優異的環境也吸引許多台灣的企業或是優秀人才，前去中國大陸發展，而翁金飛先生也在那時順勢地進入中國大陸，並憑藉自身的專業，前後在北京、上海、福建、四川結合當地人才資源，逐步擴展屬於自己不同的事業體。也藉由對於產業界的了解，深化兩岸之間各類經貿與人才的交流，在發展事業同時亦即提攜後輩，以顧問學者之姿帶領許多年輕人完成創業的夢想與實現。

▲ 帶領兩位學員參與牛肉麵節比賽

自幼抱持好奇學習的心境
在多面向的觀察中找尋方向

　　翁先生自幼生長在台北市，家境在當時也算小康，而他的父親便是家中的頂梁柱，敦厚樸實從不與人爭的個性，是鄰里間的好好先生。由於早年教育水平不高，翁先生的父親國小畢業後，便隨著老木匠學做手藝而後出師獨當一面，成為一位專業的木匠師傅，除了協助客人製作木製家具外，也會接手一些裝潢工程。由於父親手藝精湛不少人慕名而來學習木工，所以幼時的他，常會看著自己的父親敦敦教誨自己的徒弟，將自身所學傾全力傳授，因為父親總覺得人是需要學習一技之長的，只要學好就不怕沒飯吃，也因為幼時的這些記憶與父親的言教身教下，更繼承了父親良善謙恭與擅於教導個性。

　　自小父親對於他的教育方式趨向關懷為主，記憶中很少被父親責罰。所以國小、國中階段對於課業自己並不太重視，反而在生活上卻有著極其獨立的個性，對於身邊周遭的一切有著屬於自己的看法。在念國中期間有次他剛好路過國際學舍（現今為大安森林公園）的網球場時，發現正在徵求球僮，當下立即就去應徵，年僅 13 歲的他自然吃了閉門羹，但小小年紀的他竟憑藉著自己的口才說服網球場的業主聘用他，成為一個沒有薪資只有小費的球僮。但是

與 102 歲的奶奶合影

2017 台創集市嘉年華活動

卻在短短的 13 天內他竟然單憑小費賺到了 2 千多元，由於當時網球算是名流士紳的一種時髦運動，他也在這段時間見識了所謂上流社會的生活方式。更讓年幼的心靈感受相當大的震撼，也暗暗的在心底想像著未來也要過這樣生活。

因緣際會前進中國　洞燭先機開創事業

　　直至 1992 年，正逢中國大陸改革開放之時，台灣的許多產業也因應潮流逐步將生產基地轉至中國大陸。翁先生看著國內的現況，此時他的商業直覺不斷的告訴自己，此時的中國絕對會是另一個可以發展的寶地。正在思索之餘碰巧與自己的同學相遇，同學的舅舅正是這一批前進中國的企業家之一，在深談許久後，便決定帶著簡單的行囊去中國尋找發展的機會，先到了福建師範學院兼任教職工作後，轉往北京大學，讓他開啟了自己事業的第一步。最初是以研究員的身分進入北大並在北大開立研究所，教導學生有關於產品開發以及經營管理方面的知識。翁先生在與自己的學生相處下後發現，北大的學生都非常優秀且極其聰明，對於

知識求之若渴，將來絕對都是爭相想要獲取的人才，所以便在北京成立自己的第一間公司「金拓國際開發公司」專司各類的產品研發與銷售，也開始往返兩岸之間從事貿易產品製程等等。

在中國與台灣穿梭之際，翁先生極力的去串聯兩岸間的交流，由於本身也非常喜愛體育活動，更因此擔任體育總會槌球分會會長以及輕艇委員會主任委員，帶領選手遠赴日本以及中國大陸赴賽，也擔任了國際交流的工作。每日忙得不可開交但卻非常充實，並在台北成立"飛揚體育事業公司"專門推動多項體育活動，也擔任職棒後援會的會長。

1 跟孩子們互動

2 林承賢老師烘焙實作

3 邵金潾老師烘焙實作

4 嘉義縣阿里山鄉山美
　國民小學參訪

	1
	2
4	3

福建廈門黑馬創業基地（中國文化大學）辦公室

事業開枝散葉積極培養子弟兵
推居幕後專司教育

　　在北京經營金拓公司之際，更考取中國社科院研究生院資格成為能夠任教的專業認證教師，而此時的北京大學，也為了日後能夠培育出重要的人才，在政府大力支持下先後成立了北京四大集團。而翁先生擁有的金拓其發展潛力深獲肯定，便在 1993 年將金拓公司併入北京大學青鳥集團中成為集團的一員，而他也搖身一變成為顧問職。由於自身在中國大陸深耕許久，也結識非常多的好友，朋友的推薦下前往四川擔任某大型建築開發案顧問一職，在四川一待就是四年，直到該項工程順利結束後翁先生便返回福建師大服務，除了在當地從事教職外更成立福建

太敬機器人有限公司擔任執行長一職，而這間公司在當年的一次大型商業展覽中大放異彩，也將當地的資訊軟實力提升到一定的高度，後續翁先生的執教範圍就一直以福建當地為主，除了福建師大外也在三明技術學院與泉州海洋學院兼任福建師大教學點的校長。

　　泉州海洋學院也在翁金飛的牽引下，與母校台灣海洋大學締結許多學術合作的計畫，後續便在福建當地成立了廈門黑馬創業基地，除了開設各類創業創新以及運營管理相關課程外，

廈門鏈上兩岸活動

1 兩岸青年創業現場活動　　3 與福建省領導及福州市領導省政協主席合影

2 與王森校長合影

頒發感謝狀

也積極的輔導兩岸的年輕人創業，提供給台灣想要至中國創業的年輕人所需要相關的資訊與資源，舉凡申請補助、開設企業手續，住宿等等，讓台灣的青年在進駐黑馬創業基地後，能夠在最短的時間內融入當地的風土人情，更能在競爭激烈的現代快速發展的環境中，建立屬於自己的事業體。

創業是一條不好走的路
把握機會堅持到底方有成功的可能

　　翁先生一路走來，深切知道創業是一件非常不容易的事，而且成功機率非常低，比如在中國每年都會舉辦的創業大賽而言，歷經多次考驗而獲獎的的創業隊伍比比皆是，但真正創業後能夠存活的團隊大概只有 10% 或是更少，有新的構思新的想法或是新的服務方式，這些對於要創業的人來說都是起步而已，畢竟一個良好的商業模式或是作法，是需要市場的認同，

廣東省企業家合影

絕對不是一份數據分析非常好的企劃，或是一個非常好的想法就能夠代表創業一定會成功，中間的很多細節影響甚至合作團隊的個體都會成為創業是否成功的關鍵。

對於創業這件事翁先生是一直深表認同的，創業除了自身硬核的條件外，人脈培養是一件非常重要的事情，但人脈培養也是需要有相當的智慧，並不是彼此認識就是所謂的人脈，而是真的能夠在某一件有商業利益的合作上達成共識，深化合作彼此了解這樣才是真正的人脈，總而言之創業一定要事先有所準備，更要努力的堅持下去，更需要「四本」：本錢、本業、本尊、本事缺一不可。翁先生對於台灣的創業者有著深深的期許，希望藉著自己多年來的閱經歷，能夠在課堂中傳承下去，而日後也能用自身在廈門經營的黑馬創業基地，為台灣想要創業的人搭建一處穩固的橋樑，並為兩岸的學術商業以及文化做出更多的貢獻，真正讓海峽兩岸能成為共生、共榮、共同發展前行的共同體。

穿梭兩岸提供專業知能
共創友善共進共榮的環境

翁先生在中國一直深耕於各類教育產業，由於這三年疫情之故，目前回歸到台灣定居，並以福建廈門黑馬創業基地負責人身分，受邀在中國文化大學內開課。並以自己多年來往返兩岸以及在對岸經營事業的經驗，提供給許多想要創業的年輕人最寶貴的課程。因為近年來台灣受到許多內在與外在的影響，也讓許多人興起想要創業的念頭，翁先生也以過來人的身分，給予現在想要創業的年輕人一些自身的經驗分享，尤其是想要在疫情後前進中國創業的年輕人一些諫言，首先必須專精自己的本職學能，由於兩岸受教育的方式不同，自然培育出的學生氛圍也有極大的不同。中國大陸一流學校的學生，幾乎都是身經百戰的好手，歷經多次考試的廝殺脫穎而出。而台灣的學生在學校內學習時，一定要多方面的去攝取不同的知識與技能，最重要的是要培養自己的世界觀，

參訪德匯豐實業合照

參訪思朗食品公司

而不要只侷限在台灣本地的範疇，有機會就可以先去中國多聽、多看、多交流。

在睽違三年疫情關係暫時無法回到中國的翁先生，除了授課以外也堅持做公益的熱心，閒暇之餘便組織好友屏東坊案溫梅妹女士、帶領吉尼斯記錄的林承賢大師、沼金淼大師來到阿裏山山美國小進行三天兩夜的烘焙之旅，帶領原住民製作蛋糕、面包、餅干等食品讓全校師生品嘗同時教育其制作技術，受校長及全體師生嘉勉，翁先生十分欣慰。然後在兩岸正式解封後便迫不及待進入大陸探訪親人、朋友、同事、學生。從廈門到福州再到泉州，從學校到企業福建各角落受到無比熱情的款待及歡迎，翁先生深感惶恐且感激又感動，尤其三年多的衝擊，不但

沒有打垮他們反而逆勢大發展。福建拜會完畢直飛廣東參訪各企業亦受到熱情接待與特級的安排，實感受寵若驚，也發現他們也利用這三年調整步調使其發展更茁壯，再從廣東飛上海江蘇，看到了臺灣企業元祖食品張董（有蛋糕皇後之稱）在大陸上海發展迅速的台商企業與金城制冷都表現非凡，同時也來到中國蘇州王森學校更是培育出世界無數的烘焙冠軍選手。看著這些在中國持續發展的產業，翁先生更堅信自己過往對於兩岸交流上所付出的努力，不管是產業或是教育，兩岸之間更應該緊密的合作與交流共創雙贏，攜手共進為我們的後代子孫創造一個安康且富強的環境。

未來三年與不老騎士陳敏先的環球計劃
讓世界看見臺灣

- 2023 年勇於挑戰與台灣不老騎士陳敏先先
  生的單車環島之壯舉，並完成事前的規劃
  路線，成功實現環台夢想

- 2024 年將單騎勇闖大陸尋根暨生態文化和
  平之旅

- 2025 年成立「老中青幼」四級單車協會，
  向下紮根來大力推展宣導力行節能減碳
  「愛地球」來減緩地球暖化，給世世代代
  子孫留下美麗新世界

拜訪彰化美利達公司

給大家的一句話

放棄容易，堅持困難。偉大事業，是用堅持來實現的。

黑馬創業基地
地　　址：
廈門軟件園三期誠毅北大街2號701單元

聯絡電話：
中國：18900241020
台灣：0982472588

Line
請掃描我

WeChat
請掃描我

記憶會隨著時間衰退 文字卻能恆古流傳
讓時光團隊用文字鐫刻屬於您的永恆

以堅毅為墨刻苦為筆
雋刻台灣甜點界的傳奇

諾貝爾奶凍創辦人
張智聰

　　宜蘭的諾貝爾奶凍幾乎全台無人不知無人不曉，但卻少人知道創辦人張智聰先生，是花費多少的時間與精力，一切從無到有完成這項全台皆知的甜點。幼時貧困的環境，並未擊倒這位台灣甜品界的巨人，認真刻苦的態度，沒有任何深厚的背景以及高學歷，赤手空拳打出屬於自己的一片天，也為諾貝爾奶凍這塊招牌鍍上只屬於它的耀眼光芒。

▲ 與師父合影

父親的荷包蛋便當
激發勇往直前的鋼鐵意志

　　張智聰出生於宜蘭縣員山鄉枕山村，在
6、70 年代，這裡是個窮鄉僻壤的小村莊，
多數的居民皆務農維生，張智聰的祖父及父
親亦是如此。雖然家境非常窮困，但一家人
倒也其樂融融，但因一場疾病讓弟弟早夭，
而母親無法面對喪子之痛的精神壓力後導致
精神失常、生活無法自理。

　　龐大的醫療與安置費用，讓這個原本
貧困的家庭雪上加霜，父親除了種植蓮霧之
外，空檔時間則是四處充當農務的臨時工，
哪裡有缺人便去哪裡幫忙，為的只是能夠多
賺些錢維持家計，因為父親在外工作的時間
相當長，便由外公、外婆代為照顧。也因為

▲ 比賽現場

製作糕點過程

131

張智聰與妻子合影

有著這樣的家境，張智聰自幼便比一般同齡的小孩來得早熟。

記得有次好不容易看見父親回家，看著父親全身上下滿是泥濘，便衝上前去擁抱著自己的父親，而父親還是一樣露出慈愛的笑容摸著他的小腦袋說：「快去寫功課，阿爸先去清洗一下」，張智聰乖巧著應了一聲後，便幫父親把一些工具整理好，一眼撇見父親的便當盒，原本想清洗一下，卻發現仍舊是有些重量，打開後發現便當盒完全沒有動過，裡面只有米飯還有一顆荷包蛋，張智聰直接愣在原地，因為他知道這就是父親的三餐，而且今天忙到沒有時間吃飯，才把便當帶回來吃，當下眼淚止不住地開始滑落，心疼自己的父親這樣辛苦，應該更要好好的用功念書才行，因為每次只要成績好，父親總是會非常開心，希望父親能夠看見自己的成績好感到開心與驕傲。當下擦拭自己的淚水，又若無其事地把便當放回去後，坐在一旁開始溫書，更暗暗下決定以後的自己一定要能夠出人頭地，好好的照顧祖父、父親還有生病的母親，在昏黃燈光下的小茅草屋中，張智聰小小的身影，卻在此刻顯得越發的強大。

張智聰雖然家境窮困，但是學習成績卻非常優秀，從國小到國中一直都是在前段班，除了學業表現優異外，美術的天份也在這時嶄露無遺，經常代表學校參與各類比賽榮獲不少佳績，而學校的師長也對張智聰關愛有加，國中畢業後原本打算繼續升學，早熟的他早有了大人的思維，在幾經衡量後，便作出決定，不繼續升學直接工作。因為父親工作太過辛勞，不想再讓他為了自己日後的學費與生活擔憂，也覺得自己有能力可以

出外謀生，更能夠減輕父親肩上的壓力，於
是就在親友的介紹下，來到台北從事手繪廣
告看板的工作，憑藉著自身美術的天分，開
啟廣告看板製作的生涯。在那個年代幾乎所
有的廣告都需要倚靠人力繪製完成，舉凡一
般小餐館的價目表，大到電影街上的宣傳看
板都是這樣完成，而其中最重要的莫過於文
字書寫，只要字寫得好，客源便會接踵而
來。而張智聰的個性一但決定要做就定做到
最好，所以每次工作完畢後，便用白報紙開
始練習書法，寫完後便疊在一旁，也因為這
樣練習著，沒多久在書寫文字上有著師傅級
的水準。這樣的工作大約持續九個月，等準
備離開工作崗位時，收拾起當初練習的白報
紙疊起來莫約一個成人高度，由此可知張智
聰內心真猶如鋼鐵般的堅強，且對於事情認
真的態度，絕非一般人能夠比擬。

1&2 張智聰與師父合影

3 &4 張智聰手繪稿

	1
	2
4	3

烘焙業者合照

無意間的轉折
為未來創業旅程扎下根基

張智聰少年時雖然在北部忙碌著，但一有空檔便會奔赴回家對父母盡孝道，看著漸漸年邁的母親，張智聰也想著未來的出路與方向。正巧板橋阿姨打電話給他，阿姨覺得既身為獨子，應該要多注意自身的安危，尤其是現在做廣告看板繪製的工作、繪製戶外大型看板時，需要在吊車上空中作業，而且經常爬上爬下，稍不留神要是發生意外會造成相當大的影響。於是張智聰便在阿姨一通電話下一口答應，介紹他至板橋幸福路內菜市場中的麵包店內當學徒，也因為這樣的轉折，讓張智聰開啟人生中另一場的序幕。

上班的第一天，對於麵包製作完全外行的張智聰，就從上班時間持續站立工作到晚間 11 點才下班，下班後老闆看著張智聰問道：「這樣的工作還習慣嗎？你明天還會不會來上班？」此時張智聰強忍著長期站立腿部的不適感，強忍微笑地告訴老闆：「謝謝老闆，我會努力學習，我明天還是會過來的請您放心。」

因為一整天的工作，老闆都在默默的觀察，也覺得這個小夥子真的任勞任怨非常的努力，就這樣張智聰也正式成為麵包學徒。在當時一般學徒的薪資是 3,000 元，但是

老闆因為非常地看重張智聰，便給了他每個月 5,000 元的薪資，這對於 10 多歲的張智聰來說自然是一筆非常不錯的報酬。而張智聰在擔任學徒期間，秉持著認真與積極的心態，去完成每一樣店內師傅所交代的事項，非常努力學習著製作西點麵包的製程。但早期的師傅常常都會有留一手的習慣，許多較為重要的原料配方比例或是製程，通常不會教，而學徒想要知道所有的製程，都只能偷偷地學。因為師傅都只會口頭告知，這種麵包或是西點麵粉比例是多少？然後重要的原料是甚麼等等，身為學徒當然也不可能現場拿著筆記，將剛剛師傅說的事詳細紀載下來，所以上班時間的張智聰總會在身上藏著一支筆還有一本小的筆記本，一旦師傅談到

重要的配方斤兩時便記在腦中後，立即向師傅佯稱肚子不舒服，再趁著上廁所的時間，將剛剛師父所說的盡速筆記下來。也因此讓張智聰對於許多的西點麵包製程，了然於心。

而下班後的張智聰，並沒有一般時下年輕人的習氣，吃喝玩樂都不在他的下班行程中，他最多的時間反而是購買許多烘培方面的專門書籍，不然就是去板橋車站附近的麵包店中，看看有哪些西點蛋糕、麵包是自己不會的，便在一旁看著成品一邊琢磨著，許多想法在腦中自然的生成，也因為張智聰這般堅持學習著，雖然還是學徒的身分，但是他製作的西點早已有了師傅級的水準。

全體合影

重返宜蘭努力扎根 努力不懈堅毅前行

在板橋這家西點麵包店工作一段不算短的時日後，便想著回到宜蘭發展也可以照顧父母，之後便進入宜蘭頂好麵包店工作，記得應徵當日，老闆覺得這樣的年輕小伙子不知道是否能勝任，便直接當場測試工作能力，測試後讓老闆大為讚賞，就以每個月8,000元的薪資錄用張智聰。在當時頂好最受歡迎的產品就是鳳梨酥，也是店內的金雞母，而配方機密又掌握在同為麵包師傅老闆娘的親弟弟手上，而製作鳳梨酥最重要的奶粉配重比例，張智聰是完全無法取得這個重資訊，即使他想方設法仍舊無法破解這個最

重要的斤兩，某日張智聰正在製作西點時，想起明天正好要製作300個鳳梨酥，忽然靈機一動，便將一旁整袋的奶粉拿去秤重，等待鳳梨酥製作完成後，再偷偷地秤一次奶粉袋的重量，相減之下就得到鳳梨酥最關鍵的奶粉配方比例。講到這，張智聰也笑著說當初為了偷學也是無所不用其極，後來張智聰也覺得在頂好西點學習的事物告一段落後，便轉到當時頗具知名度的富士屋任職，此時的張智聰早已不在是學徒的身分，而是一位非常優秀的西點麵包師傅，月薪也高達35,000元，也在此時張智聰完成自己的終

張智聰一家人合影

台灣知名伴手禮諾貝爾奶凍

身大事,擁有自己的家庭,當年 21 歲的他收到兵單進入部隊接受磨練,家中就留下自己心愛的妻子,獨自一人照顧著家中瞎眼的阿公、父親以及患有精神障礙的母親與兩個女兒,原本承擔經濟大責的張智聰入伍後,也讓原本不甚富裕的家庭更加顯得困苦,而當下在花蓮服役的張智聰便向自己的營輔導長誠懇地告知目前家中的困境,希望能夠通融讓自己在晚間時刻,外出打工以維持家計。而營輔導長在得知張智聰的困境後,便破例地讓張智聰能夠在營區附近打工,讓張智聰能夠兼顧自身的兵役與家庭。

退伍後的張智聰,因為過往在富士屋優異的表現,也重新回到老東家的店內就職,

此時台灣的西點界更是百花齊放的時刻,常有許多大型的西點原料商會邀請國外的專業西點師傅來台授課,如日本、比利時、意大利的師傅等,而最受歡迎的應當就是法國師傅,為此張智聰也趁這樣的機緣,與多名法國的師傅進行學習與交流,更一次性的購買約五萬元原文專業法國烘焙書,一有空檔便在書中鑽研,雖然不認識法文,但是就從書中精美成品圖片中一一地去探索,竟然也讓他對於法式西點作法有相當的心得,張智聰一方面積極地吸取知識,二方面或許是天賦使然,他常常可以憑藉一張西點或是麵包的照片,去推斷出成分是甚麼?所以在當時張智聰閒暇之餘的最大嗜好,便是帶著相機去

諾貝爾草莓奶凍捲

台北各大五星級的西點櫥窗拍攝照片，但這樣的行為常常會被嚴厲的禁止，後來張智聰便常常以觀光旅遊客的身分帶著妻女去各大飯店，告訴服務人員說你們的西點蛋糕真是漂亮，是否能夠當成背景讓我替妻女拍張照片，殊不知張智聰的鏡頭，往往都是瞄準著櫥窗內看起來精美可口的精緻西點。就這樣日積月累的照片數量也高達一萬多張。也在這一張張的照片中，民國八十七年在妻子的鼓勵下，開設屬於自己的店面「諾貝爾西點麵包店」，正式的創造屬於他傳奇的一頁。

開店初期其實並不順遂，由於資金並不十分寬裕，在樽節支出的考量下，張智聰既要製作西點又要擔任送貨司機、還有業務，整天忙得不可開交，雖然這樣的努力，營收仍舊無法提升，常常需要借貸才能夠維持店內的正常運營，但張智聰堅毅不饒挺過一次次的難關，因為自己知道絕對不能失敗，一但失敗自己就沒有任何退路可言。就這樣經歷三年風風雨雨的耕耘，後期總算能夠維持收支平衡且尚有一些結餘，看著自己的心血慢慢茁壯，心中也有了一絲絲的欣慰，空閒之餘，張智聰仍舊想方設法的看是否能夠提升營收。就在此時，張智聰與妻子正參加日本 2007 年的烘焙展，就在返回住宿飯店的途中，看見路邊的一家蛋糕店排著一大群人潮，每位客人都是衝著這樣商品而來，張智聰在好奇下也跟著人潮排隊購買商品回到飯

店品嘗，一進飯店夫妻倆就一邊品嘗一邊研究，口感著實讓人驚艷不已，張智聰就這樣一邊吃著一邊作著筆記。回到台灣後，張智聰便迅速開始新商品的研發，因為他知道這項商品，一定可以成為店內最高人氣的明星商品。

爾後，張智聰每天忙完店內的例行事物後，便埋首新商品的研發，常常研發至半夜2、3點才休息，而妻子非常心疼他如此廢寢忘食的研究，只能默默陪伴與守候，每每有些許的突破時，張智聰也會非常開心地與妻子分享自己的成果。就這樣歷經大半年的光景，失敗的廢品應該也有幾百公斤。就在

這樣堅持努力之下，張智聰總算重新還原當初在日本品嘗的這道日式西點，並取名「諾貝爾奶凍」。一經推出便受到大大歡迎，許多人紛紛讚嘆這樣的好味，後來一位遠在台北的部落客恰巧來到店中品嘗，驚訝這樣好吃的甜點後，便在網路上分享引發熱潮，一時間「諾貝爾奶凍」聲名大噪、轟動全台，也因此吸引許多網紅美食節目前來拍攝。而全省各地來店中指名購買奶凍捲的民眾絡繹不絕，甚至需要採取限購的方式才不至於混亂，也因著「諾貝爾奶凍」引領台灣的新浪潮，成為宜蘭最受大家追捧的伴手禮，也讓張智聰一舉成為台灣甜品界的傳奇人物。

諾貝爾芋泥奶凍捲

張智聰參與三星無極慈皇宮儀式祈福

恪遵孝道奉行公益
推展母娘傳統信仰文化

　　自幼貧困的張智聰，雖然事業有成，但是仍不忘初心。在地方上貢獻善心扶貧濟弱，義不容辭提供各類資源，希望讓面臨困頓的鄉親能夠逐步走出人生的低谷，而一路走來，張智聰也常面臨許多低潮期，但因為有著對於母娘的信仰，常讓他能夠在祂的庇護下安然地度過危機。民國 93 年，張智聰先生在友人的介紹下，來到位於宜蘭冬山鄉昭母宮參拜，這是張智聰第一次與瑤池金母結緣，一進宮中見到母娘神尊時，張智聰瞬時感應母恩，或許是自幼因母親生病之故，享受不到母愛的關懷，在見到母娘神尊後，一股暖流注入心中，彷若聽到母娘的切切呼喚說「吾兒、你總算來了！」也就在這樣痛哭失聲之際，張智聰的內心也在這一刻獲得解脫，自小到大的心路歷程，有苦難言的狀況，都在母娘這裡得到深深地安慰。就這樣張智聰便偕同自己的妻子，開啟自己靈修打坐的歷程，也在宮中參與了許多事務，一晃眼就是九年。張智聰本身育有二女一男，某日就讀於台中嶺東科大的大女兒因身體不適，被送入台中榮總急診，後經檢查後發現罹患「多發性硬化症」的罕見疾病，在接獲通知後，夫妻倆便急速驅車台中，想在最短的時間內看見自己的心愛女兒。一路上張智聰萬分著急，心中更向母娘祈請，希望母娘慈悲能夠護持守護自己的女兒，只要母娘能夠讓女兒恢復健康，自己會盡速開設宮廟，恪遵自己領受的使命與職責，一心一意為母娘濟世的宏願貢獻自己服務世人。也是因為當下這樣的宏願，原本治癒機率不大的女兒，在幾次診療下也奇蹟式的好轉。

張智聰參與三星無極慈皇宮儀式祈福

也因這份緣由，讓張智聰在民國 101 年在宜蘭三星鄉籌建「三星無極慈皇宮」，同年的六月正式竣工，也成為宜蘭當地居民極為重要的信仰中心之一。因為自己在母娘身邊修持，所以對於母娘關愛眾生的心是非常明瞭而且感同身受，自己興建宮廟除了當初發的宏願外，也希望能夠幫助世間困難之人，再者迴向給自己的父母以及後代的子孫，也一併傳達母娘對於孝道的看重，因為母娘已經多次用許多的方式，傳達「孝」與「善」的重要性，所以這二十多年來，張智聰常以孝與善作為自己人生上的圭臬，並且長期的支助貧困家庭，勵行各類公益善行活動，以期用自己的影響力，發揚母娘對於孝道的真諦，更希望將母娘的精神從宜蘭出發，散播至全台灣甚至全世界，讓有緣的人們都能夠沐浴在母娘關愛的懷抱中，共同打造一個祥和有愛的社會氛圍。

給大家的一句話

博愛精神永存！

官方網站
請掃描我

Facebook
請掃描我

 記憶會隨著時間衰退 文字卻能恆古流傳
讓時光團隊用文字鐫刻屬於您的永恆

華人之光 飛騰家電

VASTAR

創辦人 飛騰星廚
亓瓊玲

能夠一小時節目採訪不 NG，成為許多廣播、電視爭相受邀的特別來賓，在採訪主持人問他為什麼能如此滔滔不絕、是否有下過什麼苦工練習時，他卻坦然自若地表示：「我覺得一個小時的訪談時間太短、還不夠充分闡述我的理念呢！」沒有刻意的張揚，卻流露出自然的幽默，他，就是人稱「飛騰星廚」的飛騰家電董事長亓瓊玲。不斷突破現況，是亓瓊玲董事長的處事態度，在一派如沐春風的詼諧話語中，聽眾往往會被他說話的內容逗得合不攏嘴。許多事別人認為做不到，他就做給別人看，凡事親力親為的衝勁，更是獲得公司員工上下與往來廠商一致的尊重與喝采。飛騰家電在他的帶領下，都一致信奉著：「沒有做不到的事，也沒有不可能的事」之人生哲理。

▲ 製作料理

不平凡中的平凡 在風雨中成長
創下日後創業的根基

　　俐落短髮、黑框眼鏡，以專業形象深入人心的亓董是飛騰家電的創辦人，讓人「意想不到」是這位「飛騰星廚」的最大特色，凡事追根究底、實事求是因而給人一種「理工科」的專業形象，事實上他在學生時期讀的卻是「文科」。亓董表示，除了理性成分之外，感性也一樣很重要。他說：「大家以為我本身就是念理工科的，說我理工的邏輯概念非常強，事實上我是唸文學的。」說完大笑，笑聲宏亮而爽朗。 雖然創業過程中，經歷過許多風風雨雨，但亓董非常感恩在每一次的風雨中，都有許多貴人接力幫他撐傘，使他仍能在風雨中屹立不搖。他笑說，

▲ 製作料理節目

飛騰創辦人 飛騰星廚

飛騰會館

自己從小就獲得長輩們的疼愛，眾多長輩還會抱著他去買愛國獎券，而且每買必中獎。學生時期各科老師也對他疼愛有加、特別照顧他。亓董因為不計較與好客的個性，無形中為他培養了特別具有「貴人運」的好人緣，也是創業成功的肇基。

　　或許有人會以為，像亓董這樣能夠在媒體面前侃侃而談都不吃螺絲，一定是在學生時期就很用功所累積的成果。但是他卻說：「我一直認為我小時候要是認真一點讀書的話，現在成就一定不止於此。」具備理性與感性的亓董，在念大學時，因為他自己有一部車，每天都有同學「自動」幫他安排行程，一直到期中、期末考前，才一次念半學期的書。「真是累死人了！」他還歪著頭想，自己學生時期怎麼會有「忙不完的應酬？」幽默風趣的模樣，笑翻了在場的記者。　在念大學前，亓董一考上駕照，便以自身積攢的薪水與零用金買了一部金龜車，這部金龜車也成為他日後重要的「外交工具」。大學時恰逢國際獅子大會第一次，也是唯一一次在臺灣舉辦，深受政府單位的重視，連外場的服務人員也只招考台大與政大兩所學校，薪水由臺北市政府提供；亓董則因為自身優異的英文能力，成為國際獅子大會世貿辦公室唯一的美國獅子總會正式應聘員工，薪水一天 1000 元台幣，由美國獅子總會支付。在所有同齡的大學生都只能從事

外場工作時，他卻直接進入辦公室核心，成為正式聘員。 當時來自各國的同事對他的評價是：工作認真、負責、態度好、對人又好。下班 後他還會開車兼做國民外交，帶著外國朋友吃遍臺北美食，全臺跑透透，一部小小金龜車發揮了大大的作用，跑的里程數也非常驚人，還被修車師傅誤以為是記者，要不然怎麼會跑那麼多里程數？

1 陶瓷玻璃電爐

2 德國手工鑄造鈦金屬多功能鍋

3 飛騰陶瓷玻璃電爐

4 德國原裝陶瓷玻璃燒烤爐

	1
	2
4	3

飛騰會館

凡事見招拆招
在創業的路上永不妥協

　　「老天爺很公平,當我開始工作時,祂就不讓我玩了,因為工作逼得你每天都有做不完的事情、永遠都在積欠工作債。」大學畢業後,亓董從事承攬建造廠房的工程,當時很多朋友都是土木工程或建築科系的,他們雖然是本科系專業領域出身,但都很佩服他能夠一個人搞定所有的事情。偶然間朋友介紹接觸廚房家電產品,頓時感到興趣濃厚,不料卻不如想像中簡單。因為家電、電器類牽涉到安規檢驗、及售後服務等問題,所以一般人很少敢去碰,如果要進口日本或美國的家電可能會比較簡單一些,但是進口歐洲的家電,光是零件取得就有困難,臺灣人習慣大火烹調,歐洲人習慣細火慢燉,有很多零件就必須要做調整。他表示,家電需要經過多項繁瑣檢驗,在台灣必須要有 CNS 安規檢驗、EMC、EMI 等電磁相容檢驗標準,還有產品的售後維修服務等等問題,

通常只有資金雄厚的大財團才能有這樣的能耐去從事這個行業，飛騰做到了，真是個奇蹟！「有時候不是刻意要做什麼，而是老天爺安排要做什麼，人只能埋頭苦幹，就是兵來將擋、水來土掩、見招拆招。我創業的過程是非常忙碌與艱辛的，每天早上 6:00 眼睛一張開，就一堆問題朝我席捲而來，總覺得身上有一顆紅心，這些待解決的事項就像萬箭齊發，往我身上這顆紅心一直射。習慣後，眼睛瞄一下就知道哪裡有箭要射過來了，甚至『來者何人』，久了就曉得。」創業初始所遭逢的困難，對亓董來說是一場「四面埋伏」的戰爭，感覺隨時都會有亂箭射過來，後來不但對所有困難泰然處之，還越挫越勇、化不可能為奇蹟。」

「我一生中所做的事情都是大家認為不可能的，越是不可能，就越要知其不可為而為之，像我在學生時代，有些活動是學校禁止不能辦的，但是我把活動辦得十分精彩，校長就要求學生每一屆都要跟著我這樣辦下去。」越是充滿挑戰性的事情，反而會讓亓董越有活力，常常從早上忙到三更半夜才吃一餐，但卻依舊精力旺盛、樂此不疲。他說：「對我來說，晚上 12 點以後才是我輕鬆的時刻，因為那時候德國、歐洲的工廠也下班了，我們百貨公司到 9:30、10:00 也下班了，他們下班之後我把手頭上的事物整理整理一番，我就開始去外面覓食，開著車子到處找餐廳，只有那個時間才可以完全不被打擾，安心的用餐。」

製作料理節目

員工助理

　　創業初期，至少二十年前，亓董請影片製做公司製作了一支 30 秒的廣告 CF 帶，當時他覺得電腦動畫不符合飛騰家電講求的價值與美感，後來他就利用每個晚上 去陪著美工修改這支影片，大約一個禮拜後，這支影片被修飾得完美且出色，雖 然是只有 30 秒的影片，但很多廣告公司看了之後，都紛紛來找他提案，並粗估 那一支影片的價值是 200 萬以上，但是他是以 10 萬元含稅把影片做起來的。「我們公司大大小小事如果我不參與，永遠都不會有結果，也永遠都不會完成，而是停擺在那邊。」亓董經常飛天又遁入各部門，讓員工實現創新與挑戰的能力：「任何事情如果我能抽空參與的話，效率極高、事情一下子就解決了，而且出來 的作品都會非常驚豔、非常漂亮、總是讓人眼睛為之一亮，所以我就一直不斷不 斷的在做員工與廠商的助理。」他表示，自己必須時時刻刻親自參與、陪著員工一起完成公司所有的事務。所以常常有媒體請教亓董的工作資歷，他總會不加思索的立即回答說自己是公司所有各個部門的員工助理，也是國內外所有廠商的助理、以及會計師……助理，更自我揶揄因為當委外美編工作室的創意助理，所以才學會了美編軟

法國原裝多功能熱旋風烤箱

飛騰會館

體，其中最驚人的豐功偉業之一，是擔任自己律師的助理。亓董說道：「公司內部同仁，以及與我接觸過的友人，都說我做什麼都適合，甚至如果當總統的話，一定會對國家社會有非常大的貢獻度。因為我的法治概念非常強，每個人都說我上輩子一定是法官！」。

創業的路上總是充滿著未知
勇於挑戰創新奠下事業的根基

俗話說：「山不轉路轉、路不轉人轉。」對亓董來說，人生中遇到的每個難題都有他自己的「變通」方式，他表示，當一開始很多人無法理解他的做法時，第一時間反應的，都是「不可能」，此時他的做法是：「我會當我每個員工與廠商的助理，幫他們找變通的方式，一起把事情完成。」在亓董的身上從來沒有發生過「不可能」的事情，他總是有辦法把所有「不可能」的事情轉變為「可能」，讓所有與亓董交手過的廠商與他自己的員工都不敢再說：「不可能」三個字，而會改口說：「我來試試看。」雖然因為他的創新想法太多，時常讓員工與國內外廠商都對他「又愛又恨」，但事後他們卻也不得不佩服亓董的前瞻遠見，願意與他一同達成不可能的任務。

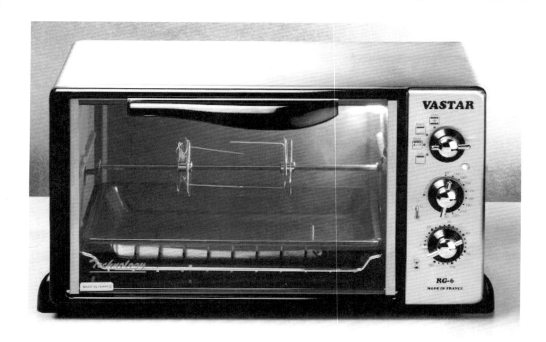

法國原裝多功能烤箱

好產品不寂寞

　　他風趣的表示，飛騰鍋具的 CP 值最高：「同行競爭不過飛騰鍋，只能在外面散布謠言說飛騰家的鍋子賣的貴，我說你們家的鍋子能滴雞精、能滴蜆精、能燻雞、能鹽烤嗎？不但沒有一樣可以、也不能用大火、用大火底部就會脫落、就會變形，你們竟然還能賣跟我一樣的價格，你們會不會太不要臉？」

　　「我們客戶還有買鑄鐵鍋的，他們說：『鑄鐵鍋很容易生鏽又笨重拿不動，煮出來的味道也沒有飛騰鍋的味道好，也不能滴雞精、滴蜆精、燻雞、鹽烤，真的好難伺候。』我總回答他們說：『你們為什麼不好好讓飛騰鍋來伺候你們呢？為什麼要那麼辛苦的去伺候鑄鐵鍋？』。」

　　飛騰的每一樣產品就像母雞孵小雞一般，一個個都是亓董倍極艱辛與披荊斬棘開創所孵育出來的。每樣產品從無到有的過程，是絕非三言兩語可以陳述的，這些故事如果需要一一詳述，恐怕出十本傳記都寫不完。不過終究值得安慰的是好產品畢竟不寂寞，也謝謝所有飛騰的粉絲與愛用者如此這般的支持飛騰家電，讓飛騰的好產品能夠既叫好又叫座。

從無到有一步一腳印
優異的品質與服務成為華人之光

　　亓董從事的這個行業是非常難搞的，因為電爐、烤箱這些廚房烹調器具，在臺灣是全新的商品，又要自創品牌、也必須要有家電檢驗的複雜程序、售後的維修服務更是辛苦。同時又要保有這些商品的品質水準而且還要能夠不受廉價大賣場、電視購物、郵購等等的誘惑而進入會破壞商品質感的上述通路。

　　亓董說：「我要 打造飛騰家電成為家電中的 LV、香奈兒、勞斯萊斯、賓士。」而他真的都辦到了！ 創業沒多久、很快的時間，外界對飛騰的評價真的就是家電中的勞斯萊斯、家電中的香奈兒。 剛創業的時候，很幸運的有一群好員工，非常盡責賣命的在銷售飛騰的好商品，

多功能熱旋風烤箱

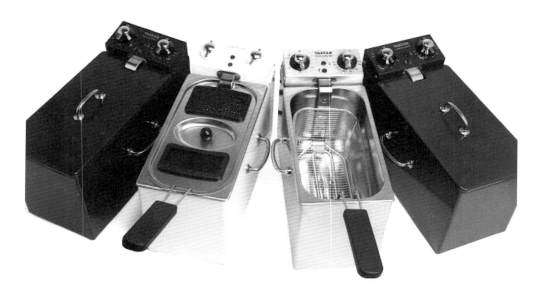

法國 5 公升油炸鍋

也讓飛騰家電迅速的在消費者心中建立起強大的信任感與支持度。的確，要開發一個好產品著實不易，尤其在家電業的領域中來說，更是困難重重，在家電產品進口之前，每樣商品需要經過經濟部標準檢驗局所指定的安規檢驗與 EMI 及 EMC 的檢測，而且未來還會有維修售後服務等等繁瑣的問題，何況還要自創品牌更屬不易，有多少廠商是有富爸爸、富媽媽的支持，燒了多少鈔票，還不見得能把品牌建立起來。

亓董總是常說；「真的十分的感謝老天爺，能夠在他的創業過程中一直不斷的有這些別人都不曾發生過的、別人都不曾遇到過的問題，讓他在面對這些問題時，皆能一一迎刃而解、絕處逢生、柳暗花明又一村，而且讓他可以練就一身解決問題的功夫，並在處理問題的過程中可以得到無比的成就感。」這些說不完的故事，在亓董創業過程中發生過的故事實在多到講不完，但也許未來應該還會有機會把這一生之中，也許一般人十輩子不曾發生過的事情一一道來，與所有的讀者們分享。

飛騰會館街景圖

給大家的一句話

華人之光　飛騰家電

廣南國際有限公司
臺北市大同區承德路三段285號1樓

TEL：(02)2838-1010
　　　(02)2595-1688

& ID:vastarmimichi

www.vastar.com.tw

vimeo 　　粉絲專頁 　　App Store 　　Google Play

 記憶會隨著時間衰退　文字卻能恆古流傳
讓時光團隊用文字鐫刻屬於您的永恆

PERFECTG

台灣美博城國際股份有限公司,為台灣國際級保養品工廠的子公司,旗下品牌PERFECTG擁有眾多強而有力的創新商品。堅持OEM/OBM/ODM一條龍服務。

產品研發部門一直研發和製造最新產品及嚴格把關所有產品的品質,以提供市場最優質的產品。

PG(PERFECTG)的時尚與玩美從台灣,一路"延伸"到了廈門、香港、深圳、福建、廣州、東莞、馬來西亞、新加坡,,,等國家和地區,與愛美的"您"相識、相知。

目前品牌已經發展到10個國家:新加坡、馬來西亞、柬埔寨,中國、日本、越南、泰國、法國、韓國、美國等,2021年更獨家進駐新光三越左營高鐵店

PG(PERFECTG)的堅持

1,堅持專業以專業的知識研發國際最新的美容獨家配方。

2,堅持有效使用最新、最有成效的成分。

3,堅持平價以直營原料價提供最高品質的產品。

4,堅持蛻變不停挑戰不同消費者肌膚的需求改善各種肌膚問題。

5,堅持用心秉持「以真誠的心服務、用熱情感動」每一位顧客

品牌主色系以極簡風格為基調,展現創新、熱情與活力

‧商品嚴選承諾保證採用產銷合一、工廠直營的方式,為商品品質做最嚴格把關。

‧PG的產品有廣泛的行銷通路,來自眾多消費者的支持與肯定使PG的產品更有信心。

‧PG對品質要求更嚴苛的開始,而所有消費者的支持與愛用,更是監督PG的關鍵動力

品牌形象網站

繁體版   簡體版   英文版   法文版   泰文版

白櫨蓮老師　姓名開運

打開成功之門，從好名字開始

在充滿競爭的世界，一個好名字就是人生最閃耀的名片！

選擇【白穆蓮 老師】，用專業的知識為您和您的孩子打造既獨特又有內涵的好名字！

我們深知一個好名字帶來的各項優點：

奠定成功基石

蘊含著積極的能量，有助於事業、人際關係等方面奠定成功的起點。

創造良好第一印象

在第一次接觸時就給人留下深刻記憶，增加與他人建立關係的機會。

提升自信心

有助於塑造自信、堅定的性格，無論何時何地都充滿信心。

傳承家族文化

一個好名字不僅是個人的榮譽，更是家族文化的延續，讓傳統價值代代相傳。

增加吉祥氣運

根據姓名學原理，選擇與您生辰八字相匹配的好名，提升吉祥平安的氣場，帶來好運。

選擇【白穆蓮 老師】，讓專業團隊量身打造最適合您的好名字，為人生開啟一片新天地！

立即聯絡我們，開啟您的成功之旅！

Line
請掃描我

Facebook
請掃描我

版權頁

書　　　名 ： 臺灣百大創享家-第二期

作　　　者 ： 林作賢、彭奕稀(彭靜嶙)

總　編　輯 ： 彭奕稀(彭靜嶙)

責 任 編 輯 ： 廖淨程

書籍規劃編撰 ： 萬偉

美 工 設 計 ： 蔡明芳

書 籍 封 面
封 底 設 計 ： 時光策略整合行銷

書 籍 行 銷 ： 時光策略整合行銷

出版發行公司 ： 時光策略整合行銷

　　　　　　　　新北市板橋區民生路2段232號5樓之3

總 經 銷 ： 白象文化事業有限公司 電話/04-2496-5995

電　　　話 ： 0939-161-111

初　　　版 ： 2023年09月30日

臺灣百大創享家. 二/林作賢, 彭奕稀作. -- 初版.

-- 新北市：時光策略整合行銷, 2023.09

面；公分

ISBN 978-626-97374-1-3(平裝)

1.CST: 創業 2.CST: 人物志 3.CST: 臺灣

494.1　　　　　　　　　　　　　　　　112014728